ゼロからはじめる

iPhone
アイフォーン

16

リンクアップ 著

スマートガイド

ソフトバンク 完全対応版

16 / Plus / Pro / Pro Max

技術評論社

⏻ CONTENTS

ⓤ CONTENTS

Chapter **8** » **iCloudを活用する**

Chapter **9** » **iPhoneをもっと使いやすくする**

CONTENTS

Chapter **10** » iPhoneを初期化・再設定する

ひと目でわかる
iPhone 16シリーズの新機能

iPhone 16シリーズは、ホームボタンがない全面ディスプレイです。最新iOS 18になって、より使いやすい機能やアプリが追加されています。

iPhone 16シリーズの基本的な操作

各種の操作は、ジェスチャーやサイドボタンなどを使って行います。本文でも都度解説していますが、ここでまとめて確認しておきましょう。

ホーム画面を表示する

スワイプする

電源をオフにする

サイドボタンといずれかの音量ボタンを同時に長押しする

コントロールセンターを表示する

スワイプする

通知センターを表示する

スワイプする

**最近使用した
アプリを
表示する**

② 止める

① スワイプする

**アプリを
切り替える**

左右に
スワイプする

**スクリーン
ショットを
撮る**

サイドボタンと
音量ボタンの
上を同時に
押して離す

**iPhone内の
情報を
検索する
（検索機能）**

スワイプする

**Siriを
起動する**

長押しする

**Apple Pay
を利用する**

すばやく2回
押す

iPhone 16シリーズとiOS 18の主な機能

カメラコントロール

iPhone 16シリーズには、本体にカメラコントロールと呼ばれるボタンが搭載されました。カメラコントロールを押して「カメラ」アプリを起動し、さらにシャッターボタンの代わりに写真や動画を撮影することができます。また、カメラコントロールからズームや露出、被写界深度なども調節することができます。

カメラコントロール

カメラコントロールからカメラを操作することができます。

ホーム画面のカスタイマイズ

ホーム画面のアプリアイコンやウィジェットは、今まで並べ替えることはできましたが、左上から順に自動的に整列していました。iOS 18では、好きな場所に配置することができるようになりました。アプリアイコンを大きくしたり、アイコンの色調を変更することもできます。また、ホーム画面に配置したウィジェットは、ホーム画面の編集時に大きさを変更することができるようになっています。

ホーム画面のカスタマイズの幅が広がりました。

電話

「電話」アプリで、iPhone本体に発信者からのメッセージを記録する「ライブ留守番電話」機能が利用できるようになりました。発信者がライブ留守番電話でメッセージを録音中、話した言葉が文字起こしされ、画面で確認できるようになっています。

コントロールセンター

コントロールセンターのデザインが新しくなり、標準では3つのグループを切り替えて利用できるようになっています。すべてのコントールは、コントロールギャラリーから確認でき、自由にグループに配置したり、大きさを変更したりすることができます。

写真

「写真」アプリのデザインが変更されました。画面上部に撮影した写真や動画が表示されるライブラリ、その下には「最近または過去の日々」、「旅行」、「ピープルとペット」などのコレクションが表示され、1つの画面から利用できるようになりました。

メッセージ

メッセージの文章にボールドやイタリックなどの修飾、アニメーションエフェクトを追加できるようになりました。また、指定した時刻にメッセージを送信するようにスケジュールを設定できます。

パスワード

すべてのパスワード、アカウント資格情報、確認コードをiPhone本体に安全に保存できる新しいアプリが導入されました。各アカウントの情報を一括で管理することができ、パスワードの自動生成機能も持っています。

 **MEMO** **Apple Intelligence**

Apple Intelligenceは、Appleが提供するAI環境で、テキストなどコンテンツの生成や、Siriの機能拡張などが予定されています。Apple Intelligenceのリリースは、米国が2024年内、日本語への対応は2025年以降とされています。

Chapter **1**

iPhone 16のキホン

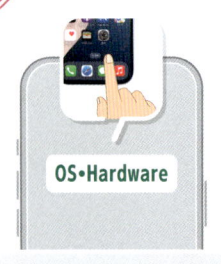

OS・Hardware

電源のオン・オフと
スリープモード

iPhoneの電源の状態には、オン、オフ、スリープの3種類があり、サイドボタンで切り替えることができます。また、一定時間操作しないと自動的にスリープします。

1

⏻ ロックを解除する

① スリープ時に本体を持ち上げて、手前に傾けます。もしくは、画面をタップするか、本体右側面のサイドボタンを押します。

押す

タップする

② ロック画面が表示されるので、画面下部から上方向にスワイプします。パスコード（Sec.64参照）が設定されている場合は、パスコードを入力します。

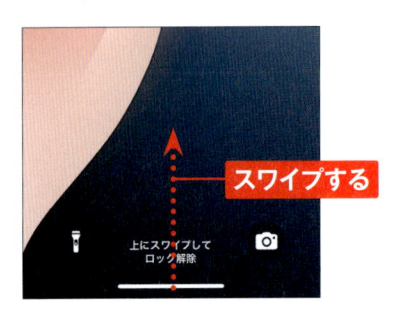

スワイプする

③ ロックが解除されます。サイドボタンを押すと、スリープします。

押す

MEMO 「常に画面オン」をオフにする

iPhone 16 Pro／Pro Maxでは、ロックされたあとも暗いロック画面が表示されます。画面を完全にオフにするには、ホーム画面で［設定］→［画面表示と明るさ］→［常に画面オン］の順にタップし、「常に画面オン」の ⬤ をタップして、⬜ にします。

電源をオフにする

① 電源が入っている状態で、サイドボタンと音量ボタンの上または下を、手順②の画面が表示されるまで同時に押し続けます。

長押しする

② ⏻を右方向にスライドすると、電源がオフになります。

スライドする

③ 電源をオフにしている状態で、サイドボタンを長押しすると、電源がオンになります。

長押しする

 MEMO ソフトウェア・アップデート

iPhoneの画面を表示したときに「ソフトウェア・アップデート」の通知が表示されることがあります。その場合は、バッテリーが十分にある状態でWi-Fiに接続し、[今すぐインストール] をタップすることでiOSを更新できます。なお、標準ではソフトウェアの自動アップデートがオンになっています。自動アップデートをしたくない場合は、ホーム画面で[設定]→[一般]→[ソフトウェアアップデート]→[自動アップデート] の順にタップし、「iOSアップデート」の●をタップして にしましょう。

| 16 | Plus | Pro | Pro Max |

OS・Hardware

iPhoneの基本操作を覚える

iPhoneは、指で画面にタッチすることで、さまざまな操作が行えます。また、本体の各種ボタンの役割についても、ここで覚えておきましょう。

1

本体の各種ボタンの操作

アクションボタン：iPhone 16では、アクションボタンを押してさまざまな機能を実行できます（P.275参照）。

音量ボタン：音量の調節が可能です。

サイドボタン：長押しでSiriを起動したり、電源のオン・オフに使用したりします。

カメラコントロール：押すことで「カメラ」アプリが起動します。「カメラ」アプリを起動した状態で押すと写真を撮影、長押しすると動画を撮影、左右にスワイプすることでズーム倍率の変更やカメラモードの変更ができます。

 MEMO **本体を横向きにすると画面も回転する**

iPhoneを横向きにすると、アプリの画面が回転します。ただし、アプリによっては画面が回転しないものもあります。また、画面を回転しないように固定することもできます（P.23参照）。

タッチスクリーンの操作

タップ／ダブルタップ

画面に軽く触れてすぐに離すことを「タップ」、同操作を2回くり返すことを「ダブルタップ」といいます。

タッチ

画面に触れたままの状態を保つことを「タッチ」といいます。

ピンチ（ズーム）

2本の指を画面に触れたまま指を広げることを「ピンチオープン」、指を狭めることを「ピンチクローズ」といいます。

ドラッグ／スライド（スクロール）

アイコンなどに触れたまま、特定の位置までなぞることを「ドラッグ」または「スライド」といいます。

スワイプ

画面の上を指で軽く払うような動作を「スワイプ」といいます。

> **MEMO** 触覚タッチ
>
> アイコンや画面の特定の箇所をタッチすると、本体が振動して、便利なメニューなどが表示されることがあります。本書では、これを「触覚タッチ」といいます。

ホーム画面の使い方

OS・Hardware

iPhoneのホーム画面では、アイコンをタップしてアプリを起動したり、ホーム画面を左右に切り替えたりすることができます。また、アプリライブラリを確認することも可能です。

1

⏻ iPhoneのホーム画面

画面上部：インターネットへの接続状況や現在の時刻、バッテリー残量などのiPhoneの状況が表示されます。

Dynamic Island：アプリの情報が表示されます。タッチすると操作できる場合もあります（MEMO参照）。

ウィジェット：ニュースや天気など、さまざまなカテゴリの情報をウィジェットで確認することができます（Sec.06参照）。

Appアイコン：インストール済みのアプリのアイコンが表示されます。

Spotlight：さまざまな検索を行うことができます。

Dock：よく使うアプリのアイコンを最大4個まで設置できます。ホーム画面を切り替えても常時表示されます。

 Dynamic Islandとは

画面上部には、Dynamic Islandと呼ばれる表示領域があります。ここには、再生中のミュージックや「マップ」アプリの経路案内など、対応するアプリの情報が表示され、タッチやスワイプすることでさらに情報が表示されたり別の操作が行えたりする場合もあります。

🔄 ホーム画面を切り替える

● ホーム画面を切り替える

① ホーム画面を左方向にスワイプします。

② 右隣のホーム画面が表示されます。画面を右方向にスワイプする、もしくは画面下部を上方向にスワイプすると、もとのホーム画面に戻ります。

● 情報やアプリを表示する

① ホーム画面を何度か右方向にスワイプすると、「今日の表示」画面（Sec. 06参照）が表示され、それぞれの情報をチェックできます。

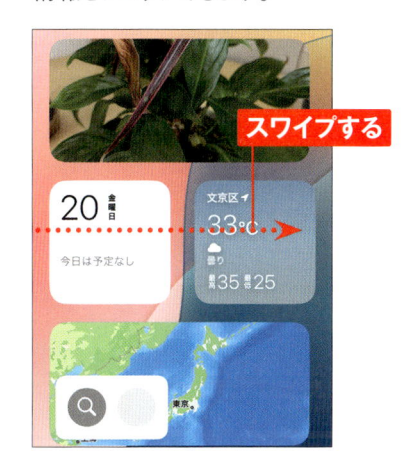

② 何度か左方向にスワイプすると、右端に「アプリライブラリ」画面が表示されます（P.234参照）。画面を右方向にスワイプすると、ホーム画面に戻ります。

通知センターで
通知を確認する

OS•Hardware

iPhoneの画面左上に表示されている現在時刻部分を下方向にスワイプすると、「通知センター」が表示され、アプリからの通知を一覧で確認できます。

1 ⏻ 通知センターを表示する

① 画面左上を下方向にスワイプします。

スワイプする

② 新しい通知があると、下のように表示されます。画面中央から上方向にスクロールすると、未処理の通知が表示されます。

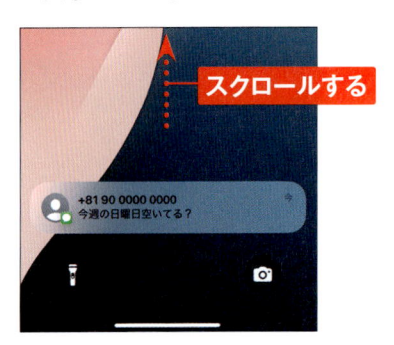

スクロールする

③ 画面下部から上方向にスワイプすると、通知センターが閉じて、もとの画面に戻ります。

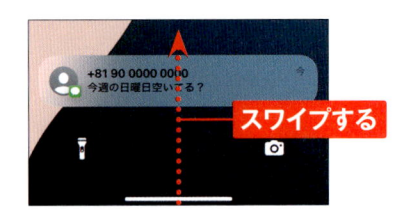

スワイプする

MEMO ロック画面から
通知センターを確認する

ロック画面から通知センターを表示するには、画面の中央辺りから上方向にスワイプします。

9月20日 金曜日
12:39

スワイプする

通知センターで通知を確認する

1 P.20手順①を参考に通知センターを表示し、通知（ここでは［メッセージ］）をタップします。

2 ［開く］をタップすると、アプリが起動します。通話の着信やメールの通知などをタップすると、それぞれのアプリが起動します。

3 通知を左方向にスワイプして、［消去］をタップすると、通知を消去できます。

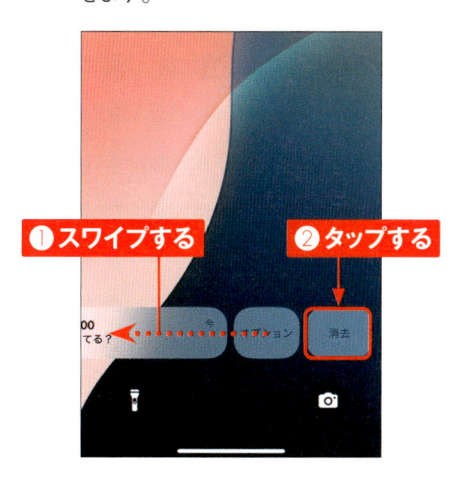

MEMO グループ化された通知を見る

同じアプリからの通知はグループ化され、1つにまとめて表示されます。まとめられた通知を個別に見たい場合は、グループ通知をタップすれば展開して表示されます。展開された通知は、右上の［表示を減らす］をタップすると、再度グループ化されます。

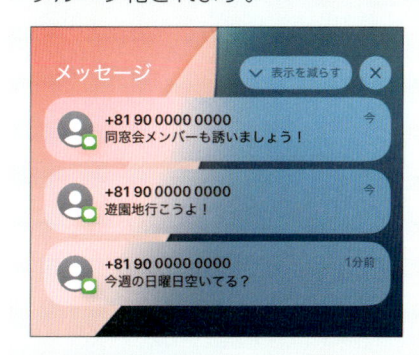

OS•Hardware

コントロールセンターを利用する

iPhoneでは、コントロールセンターからもさまざまな設定を行えるようになっています。ここでは、コントロールセンターの各機能について解説します。

🎛 コントロールセンターで設定を変更する

① 画面右上から下方向にスワイプします。

スワイプする

② コントロールセンターが表示されます。上部に配置されているアイコン（ここでは青表示になっているWi-Fiのアイコン）→［OK］の順にタップします。

タップする

③ アイコンがグレーに表示されてWi-Fiの接続が解除されます。もう一度タップすると、Wi-Fiに接続します。画面の下端から上方向にスワイプすると、コントロールセンターが閉じます。

設定が変更される

MEMO コントロールセンターの触覚タッチ

コントロールセンターの項目の中には、触覚タッチで詳細な操作ができるものがあります。

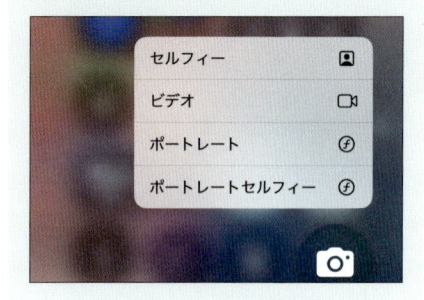

⏻ コントロールセンターの設定項目

❶機内モードのオン／オフを切り替えられます。

❷AirDropのオン／オフを切り替えられます。

❸Wi-Fiの接続／未接続を切り替えられます。

❹モバイルデータ通信やBluetooth機器などの接続／未接続を切り替えられます。

❺音楽の再生／停止／早送り／巻戻しができます。

❻iPhoneの画面を縦向きに固定する機能をオン／オフできます。

❼消音モードに切り替えることができます（P.54MEMO参照）。

❽集中モードの設定ができます。

❾上下にドラッグして、画面の明るさを調整できます。

❿上下にドラッグして、音量を調整できます。

⓫フラッシュライトを点灯させたり消したりできます。明るさなどを選択することもできます。

⓬「時計」アプリのタイマーが起動します。タッチすると簡易タイマーが表示されます。

⓭「計算機」アプリが起動します。

⓮「カメラ」アプリが起動します。タッチするとカメラモードを選択できます。

⓯音楽や動画をAirPlay対応機器で再生することができます。

⓰コードスキャナーが起動します。QRコードなどを読み取ることができます。

MEMO **コントロールセンター の切り替え**

iOS 18からコントロールセンターの右にグループのアイコンが表示されており、をタップするとコントロールセンター、▮♪をタップすると音楽の再生、▮をタップすると機内モードやWi-Fiなどのオン／オフが一覧で表示されます。また、画面を上下にスワイプすることでも切り替えることができます。

16　Plus　Pro　Pro Max

ウィジェットを利用する

OS・Hardware

iPhoneでは、ニュースや天気など、さまざまなカテゴリの情報をウィジェットで確認することができます。ウィジェットの順番は入れ替えることができるので、好みに合わせて設定しましょう。

ウィジェットで情報を確認する

① ホーム画面を何回か右方向にスワイプします。

② 「今日の表示」画面が表示され、ウィジェットが一覧表示されます。画面を上方向にスワイプします。

③ 下部のウィジェットが表示されます。画面を左方向にスワイプすると、ホーム画面に戻ります。

MEMO ロック画面から表示する

ロック画面を右方向にスワイプすることでも、「今日の表示」画面を表示することができます。

⏻ ウィジェットを追加／削除する

① P.24手順②の画面で、ウィジェットのアイコン以外の部分の画面をタッチして［編集］をタップします。

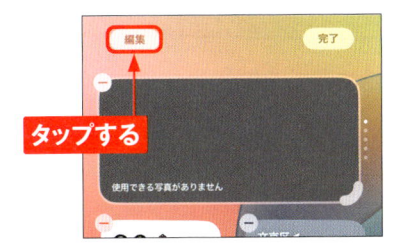

② ［ウィジェットを追加］をタップします。

③ 追加したいウィジェット（ここでは［時計]）をタップします。

④ 画面を左右にスワイプして、ウィジェットの大きさを選び、［ウィジェットを追加］をタップします。

⑤ ウィジェットが追加されます。ウィジェットを削除する場合は ➖ →［削除］の順にタップします。画面右上の［完了］をタップすると、編集が終了します。

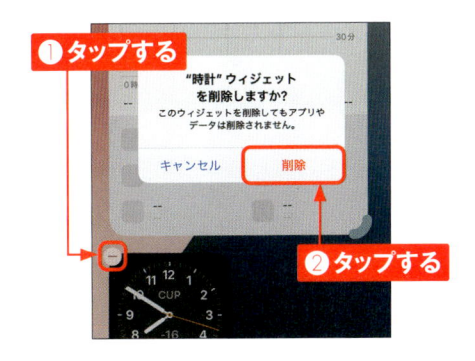

MEMO ウィジェットを ホーム画面に追加する

ウィジェットはホーム画面にも追加できます。詳しくは、P.230を参照してください。

| 16 | Plus | Pro | Pro Max |

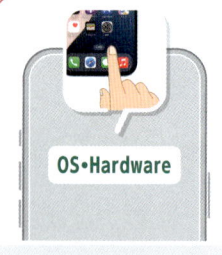

OS•Hardware

アプリの起動と終了

iPhoneでは、ホーム画面のAppアイコンをタップすることでアプリを起動します。画面下部から上方向にスワイプして指を止めると、アプリを終了したり、切り替えたりすることが可能です。

アプリを起動する

1 ホーム画面で📘をタップします。

タップする

2 Safariが起動しました。画面下部から上方向にスワイプします。

共有ミスでがん進行 病院側が謝罪
143 9/20(金) 10:50

大谷が「51-51」達成 SNSの反応
9/20(金) 10:12

大谷「自分が一番ビックリ」
983 + 解説 9/20(金) 10:56

🔒 yahoo.co.jp

スワイプする

3 ホーム画面に戻ります。

MEMO アプリのアクセス許可

アプリの初回起動時に、アクセス許可を求める画面が表示される場合があります。基本的には許可して進みますが、気になる場合や詳しく知りたい場合は、P.74、P.252を参照してください。

⏻ アプリを終了する

① 画面下部から上方向にスワイプして、画面中央で指を止め、指を離します。

スワイプして
指を止める

② 最近利用したアプリの画面が表示されます。左右にスワイプして、アプリの画面を上方向にスワイプすると表示が消え、アプリが終了します。

② スワイプする

① スワイプする

③ 手順②の画面でアプリ画面をタップすると、そのアプリに切り替えることができます。

タップする

MEMO アプリをすばやく 切り替える

アプリを使用中に画面下部を左右にスワイプすると、最近利用した別のアプリに切り替えることができます。

スワイプする

文字を入力する

Application

iPhoneでは、オンスクリーンキーボードを使用して文字を入力します。一般的な携帯電話と同じ「テンキー」やパソコンのキーボード風の「フルキー」などを切り替えて使用します。

iPhoneのキーボード

テンキー

フルキー

 2種類のキーボードと4種類の入力方法

iPhoneのオンスクリーンキーボードは主に、テンキー、フルキーの2種類を利用します。標準の状態では、「日本語かな」「絵文字」「English（Japan）」「音声入力」の4つの入力方法があります。「日本語ローマ字」や外国語のキーボードを別途追加することもできます。なお、「ATOK」や「Simeji」などサードパーティ製のキーボードアプリをインストールして利用することも可能です。

⏻ キーボードを切り替える

① キー入力が可能な画面（ここでは「メモ」アプリの画面）になると、オンスクリーンキーボードが表示されます。画面では、テンキーの「日本語かな」が表示されています。キーボードを切り替えたい場合は、⊕をタッチします。

タッチする

② 現在利用できるキーボードが一覧表示されます。その中から目的のキーボードをタップすると、使用するキーボードに切り替わります。ここでは、[English（Japan）] をタップします。

タップする

③ フルキーの「English（Japan）」に切り替わります。なお、⊕をタップすると、利用できるキーボードを順番に切り替えることができます。

タップして切り替え

MEMO キーボードを追加する

手順②で選択できるキーボードに、日本語ではフルキーの「ローマ字入力」（P.35MEMO参照）と「手書き」を追加できます。キーボードを追加するには、手順②の画面で [キーボード設定] をタップし、[キーボード] → [新しいキーボードを追加] → [日本語] の順にタップし、[ローマ字入力] または [手書き] をタップして、[完了] をタップします。

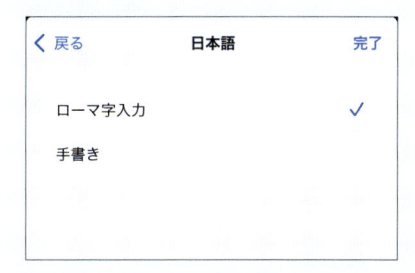

⏻ テンキーの「日本語かな」で日本語を入力する

① テンキーは、一般的な携帯電話と同じ要領で入力が可能です。たとえば、[は]を3回タップすると、「ふ」が入力できます。

② 入力時に[小]をタップすると、その文字に濁点や半濁点を付けたり、小文字にしたりすることができます。

③ 単語を入力すると、変換候補が表示されます。候補の中から変換したい単語をタップすると、変換が確定します。

④ 文字を入力し、変換候補の中に変換したい単語がないときは、変換候補の欄に表示されている[⌄]をタップします。

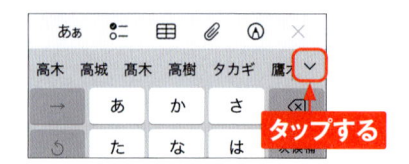

⑤ 変換候補の欄を上下にスワイプして文字を探します。もし表示されない場合は、[∧]をタップして入力画面に戻ります。

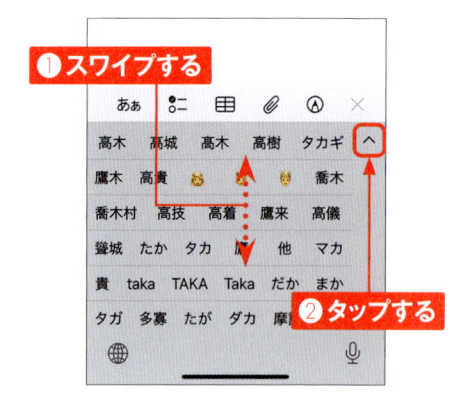

⑥ 単語を変換するときは、単語の後ろをタップして、変換の位置を調整し、変換候補の欄で文字を探し、タップします。変換したい単語が候補にないときは、P.30手順④〜⑤の操作をします。

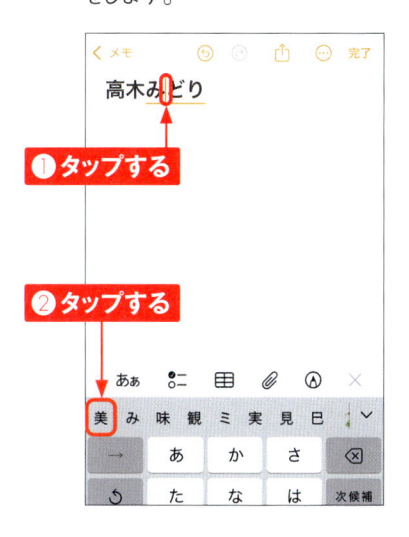

⑦ 手順⑥で調整した位置の単語だけが変換されました。

⑧ 顔文字を入力するときは、⌣をタップします。

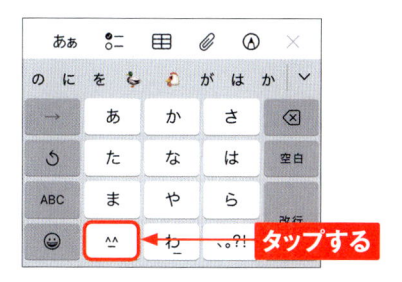

⑨ 顔文字の候補が表示されます。入力したい顔文字をタップします。

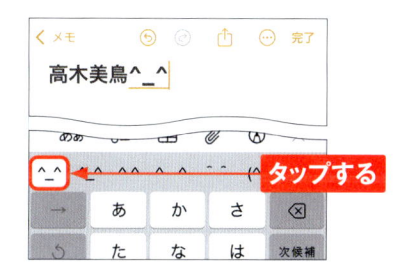

MEMO 絵文字を入力する

P.29手順②の画面で［絵文字］をタップし、入力したい絵文字を選択してタップすると、絵文字が入力されます。上部の検索ボックスでは絵文字の検索が可能です。

⏻ テンキーで英字・数字・記号を入力する

① ABC をタップすると、英字のテンキーに切り替わります。

② 日本語入力と同様に、キーを何度かタップして文字を入力します。入力時に a/A をタップすると、入力中の文字が大文字に切り替わり、[確定]をタップすると入力が確定されます。

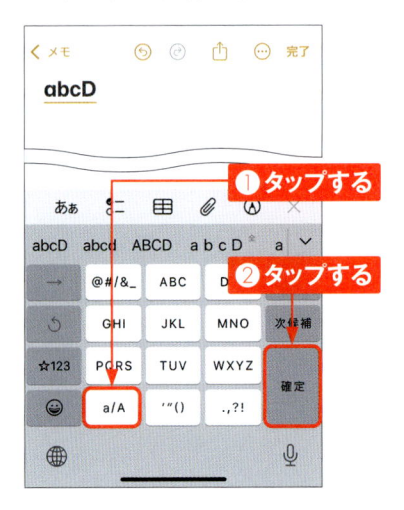

③ 数字・記号のテンキーに切り替えるときは、☆123 をタップします。

④ キーをタップすると数字を入力できます。キーをタッチしてスライドすると（P.33MEMO参照）、記号を入力できます。

🔘 音声入力を行う

① 1 音声入力を行うには、🎤 をタップします。

② 2 初めて利用するときは、［音声入力を有効にする］→［今はしない］の順にタップします。

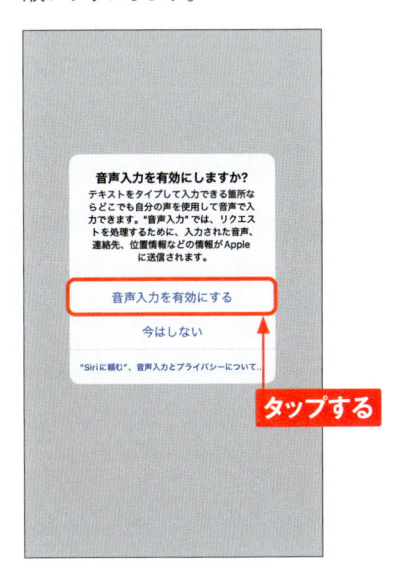

③ 3 iPhoneに向かって入力したい言葉を話すと、話した言葉が入力されます。🎤 をタップすると、音声入力が終了します。

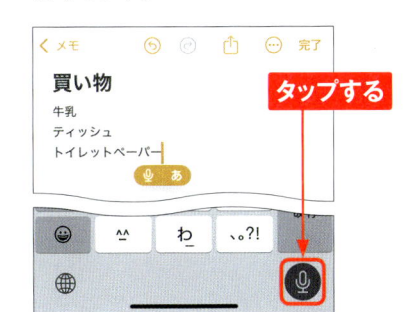

MEMO そのほかの入力方法

テンキーでは、キーを上下左右にスライドすることで文字を入力できます。入力したい文字のキーをタッチすると、入力できる文字が表示されるので、入力したい文字の方向へスライドします。また、タッチしなくてもすばやくスワイプすることで対応する文字が入力されます。

⏻ 「English（Japan）」で英字・数字・記号を入力する

① P.29を参考に、「English（Japan）」を表示します。そのあと、キーをタップして英字を入力します。アプリによっては行頭の1文字目は大文字で入力されます。⬆をタップしてから入力すると、1文字目を小文字にできます。

② 入力中に単語の候補が表示された場合は、表示された候補をタップすると、単語が入力されます。

③ 数字や記号を入力するには、123 をタップします。

④ 数字や記号が入力できるようになりました。そのほかの記号を入力するときは、#+= をタップします。🌐 をタップすると、「日本語かな」キーボードに戻ります。

⏻ 文字を削除する

1 文字を削除したいときは、削除したい文字の後ろをタップします。

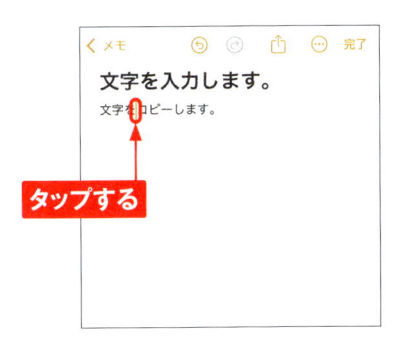

2 ⌫を消したい文字の数だけタップすると、文字が削除されます。

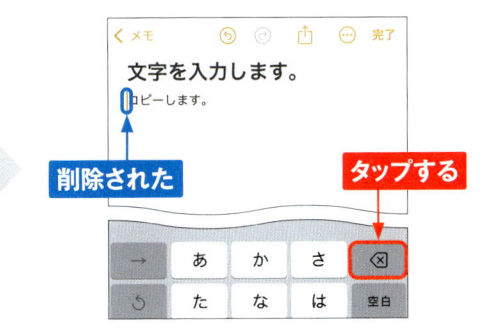

MEMO **タップでテキストを選択する**

テキストをタップすることで、単語や文、段落を選択することができます。単語を選択するには、選択したい単語を1本指でダブルタップ、段落を選択するには、1本指でトリプルタップします。また、最初の単語をダブルタップしたまま最後の単語までドラッグすることで、テキストの一部を範囲選択できます。

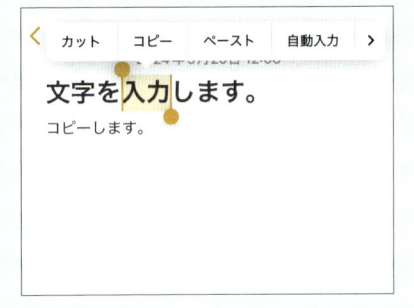

MEMO **なぞり入力**

iOS 18では「日本語ローマ字入力」キーボードを指でなぞりながら入力できる「なぞり入力」ができるようになりました。「ローマ字入力」キーボードに切り替え、最初に入力するキーをタッチし、指を画面から離さずに次のキーまで指を移動させることで文字を打ち続けることができます。入力に必要な指の動きが減るというメリットがあり、高速で文字を打つことができます。

⏻ 文字をコピー＆ペーストする

① コピーしたい文字列をタッチします。指を離すと、メニューが表示されるので、［選択］をタップします。

② 隣接する単語が選択された状態になります。選択範囲は、🟡と🔵をドラッグして変更します。

③ 選択範囲を調整し、指を離すとメニューが表示されるので、［コピー］をタップします。

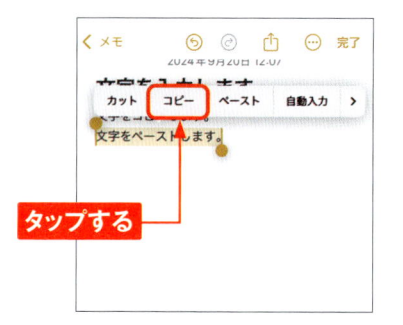

④ コピーした文字列を貼り付けたい場所をタッチします。指を離すと、メニューが表示されるので、［ペースト］をタップします。

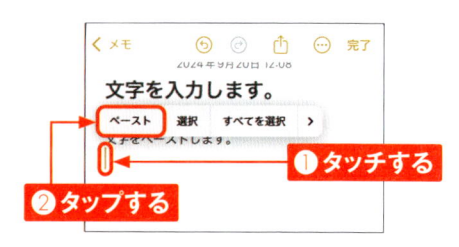

⑤ 手順③でコピーした文字列がペーストされました。

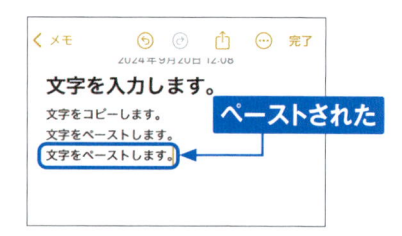

 MEMO

3本指のジェスチャー操作

iPhoneでは、3本指を使う「ジェスチャー」が利用できます。下の表を参考にしてください。

コピー	3本指でピンチクローズ
カット	3本指でダブルピンチクローズ（すばやく2回ピンチクローズ）
ペースト	3本指でピンチオープン
取り消し	3本指で左方向にスワイプ
もとに戻す	3本指で右方向にスワイプ
メニュー呼び出し	3本指でタップ

Chapter 2

電話機能を使う

16	Plus	Pro	Pro Max

Application

電話をかける・受ける

iPhoneで電話機能を使ってみましょう。通常の携帯電話と同じ感覚でキーパッドに電話番号を入力すると、電話の発信が可能です。着信時の操作は、1手順でかんたんに通話が開始できます。

キーパッドを使って電話をかける

① ホーム画面で📞をタップします。

タップする

② ［キーパッド］をタップします。

連絡先なし
追加した連絡先はここに表示されます。
新規連絡先を作成

タップする

③ キーパッドの数字をタップして、電話番号を入力し、📞をタップします。

090 0000 0000

❶タップする

❷タップする

④ 相手が応答すると通話開始です。📞をタップすると、通話を終了します。

タップする

📱 電話を受ける

① iPhoneの操作中に着信が表示されたら、📞をタップします（MEMO参照）。

② 通話が開始されます。通話を終えるには、📞をタップします。

 アイコンが消えてしまった場合

通話中に📞が消えてしまったときは、Dynamic Islandをタッチします。

③ 手順①で📞をタップすると、通話を拒否できます。ライブ留守番電話が利用可能な場合は、留守番電話に転送されます。

 ロック中に着信があった場合

iPhoneがスリープ中やロック画面で着信があった場合、ロック画面にスライダーが表示されます。📞を右方向にスライドすると、着信に応答できます。また、サイドボタンをすばやく2回押すと、通話を拒否できます。

16	Plus	Pro	Pro Max

発着信履歴を確認する

Application

電話をかけ直すときは、発着信履歴から行うと手間をかけずに発信できます。また、発着信履歴の件数が多くなりすぎた場合は、履歴を消去して整理しましょう。

発着信履歴を確認する

① ホーム画面で📞をタップします。

タップする

② ［履歴］をタップします。

タップする

③ 発着信履歴の一覧が表示されます。［不在着信］をタップします。

タップする

④ 発着信履歴のうち不在着信の履歴のみが表示されます。［すべて］をタップすると、手順③の画面に戻ります。

タップする

発着信履歴から発信する

1 P.40手順③で通話したい相手をタップします。

2 画面が切り替わり、発信が開始されます。

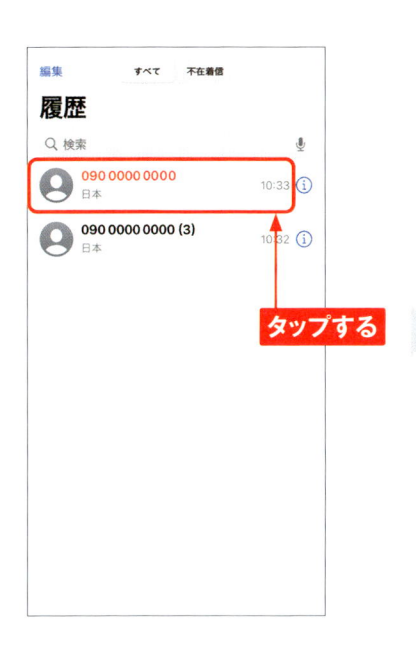

P.40手順③

MEMO 発着信履歴を削除する

発着信履歴を削除するには、手順①の画面を表示し、画面左上の［編集］→［選択］の順にタップします。削除したい履歴の左側にある ⊖ をタップすると、🗑 が表示されるので、🗑 をタップして、［完了］をタップすると削除されます。また、すべての発着信履歴を削除するには、画面右上の［消去］をタップして、［すべての履歴を消去］をタップします。

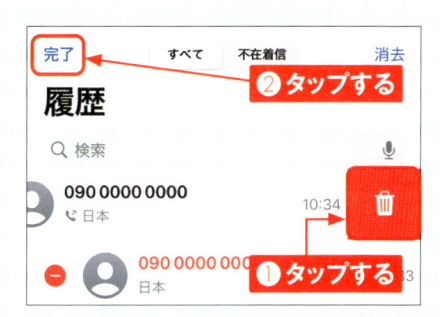

連絡先を作成する

Application

電話番号やメールアドレスなどの連絡先の情報を登録するには、「連絡先」アプリを利用します。また、発着信履歴の電話番号をもとにして、連絡先を作成することも可能です。

連絡先を新規作成する

① ホーム画面で［連絡先］をタップするか、「電話」アプリの［連絡先］をタップして、＋をタップします。

② ［姓］や［名］をタップし、登録したい相手の氏名やフリガナを入力します。

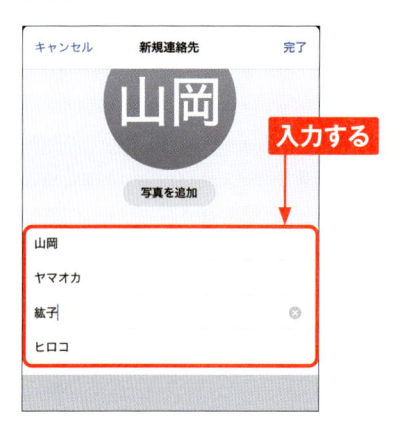

③ ［電話を追加］をタップします。

MEMO 「連絡先」のリスト

連絡先のデータをiCloudなどと連携しているときに、「連絡先」を表示すると（手順①参照）、リスト画面が表示されます。その場合は、［iCloud］など連絡先のリストをタップすると、連絡先の一覧が表示されます。

④ 電話番号を入力します。電話番号のラベルを変更したい場合は、［携帯電話］をタップします。

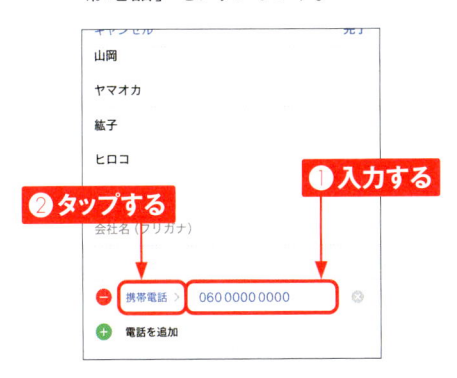

⑤ 変更したいラベル名をタップして選択します。

⑥ ラベルが変更されました。メールアドレスを登録するには、［メールを追加］をタップして、メールアドレスを入力します。

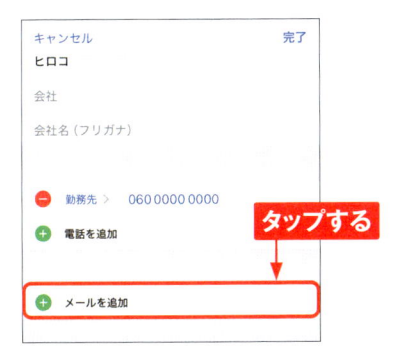

⑦ 情報の入力が終わったら、［完了］をタップします。

MEMO 登録した連絡先に電話を発信する

P.42手順①を参考に「連絡先」画面を表示し、発信したい連絡先をタップして、電話番号をタップすると、電話を発信できます。

2

着信履歴から連絡先を作成する

1 P.40手順③で連絡先を作成したい電話番号の右にある①をタップします。

タップする

2 ［新規連絡先を作成］をタップします。

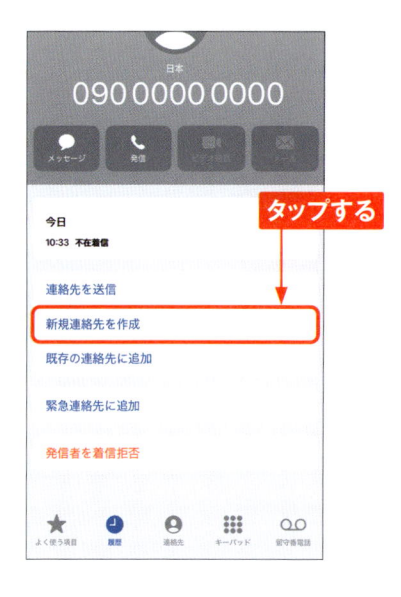

タップする

3 電話番号が入力された状態で「新規連絡先」画面が表示されます。P.42手順②〜 P.43手順⑦を参考にして、連絡先を作成します。

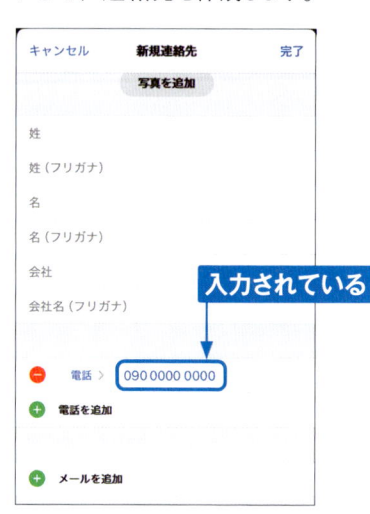

入力されている

MEMO 連絡先を編集する

P.42手順①を参考に「連絡先」画面を表示し、編集したい連絡先をタップすると、連絡先の詳細画面が表示されます。画面右上の［編集］をタップして、編集したい項目をタップして情報を入力し、［完了］をタップすると編集完了です。

タップする

よく電話をかける連絡先を登録する

1 P.44MEMOを参考に連絡先の詳細画面を表示し、[よく使う項目に追加]をタップします。

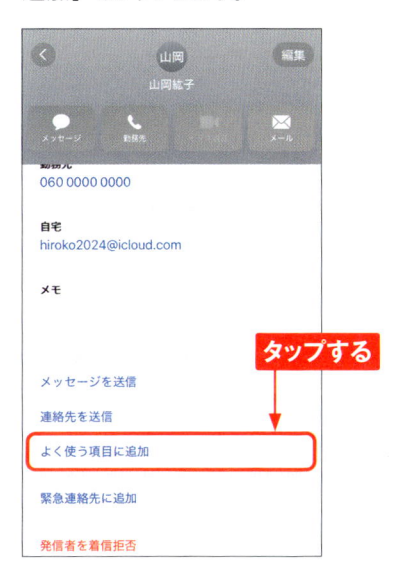

2 登録したいアクション（ここでは［電話］）をタップし、登録する番号をタップして選択します。

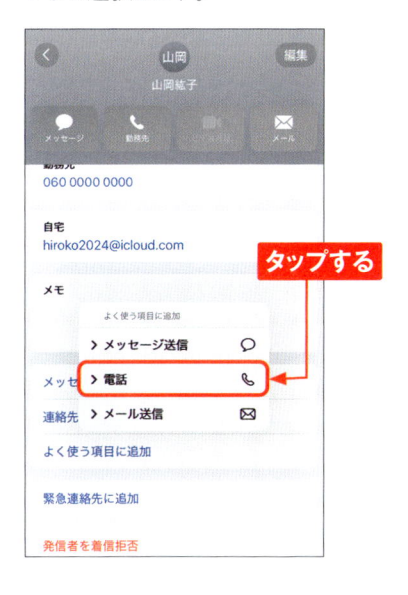

3 ホーム画面で📞→［よく使う項目］の順にタップし、目的の連絡先をタップするだけで、電話の発信ができるようになります。

 MEMO 連絡先を削除する

P.44MEMOを参考に連絡先の編集画面を表示して、画面を上方向にスワイプし、[連絡先を削除]をタップします。確認画面で[連絡先を削除]をタップすると、削除が完了します。

連絡先の写真とポスターを作成する

① ホーム画面で［連絡先］をタップするか、「電話」アプリの［連絡先］をタップして、［マイカード］をタップします。

② ［連絡先の写真とポスター］をタップし、次の画面で［続ける］をタップします。

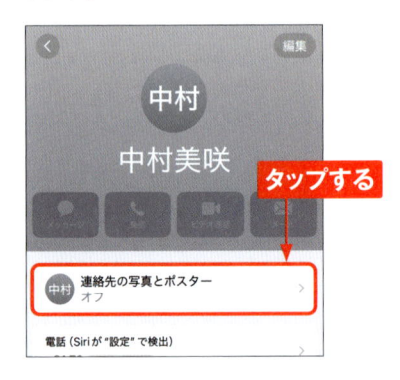

MEMO 「マイカード」とは

「連絡先」に表示されている「マイカード」には、自分の電話番号やメールアドレスなどの連絡先を登録できます。連絡先を共有したい場合は、手順②の画面で［編集］をタップし、事前に入力しておきましょう。

③ 「名前を入力」欄に、名前が入力されていない場合は、自分の姓と名を入力します。「ポスターを選択」からポスターを選びます。ここでは［写真］をタップします。

④ ポスターにしたい写真をタップします。

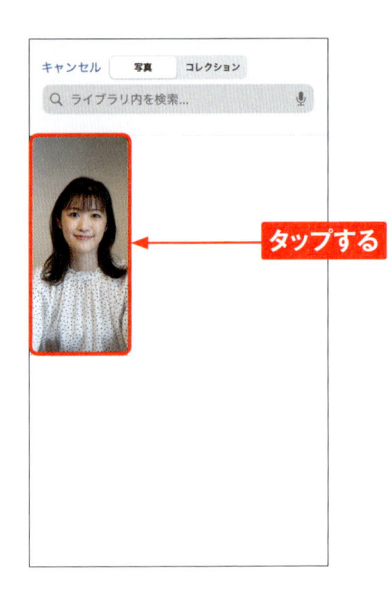

⑤ 写真をピンチすると表示範囲を変更することができ、左右にスワイプすると写真にフィルターがかかり、トーンが変更されます。

⑥ 名前をタップし、名前に使用したいフォントとカラーをタップして、× をタップします。

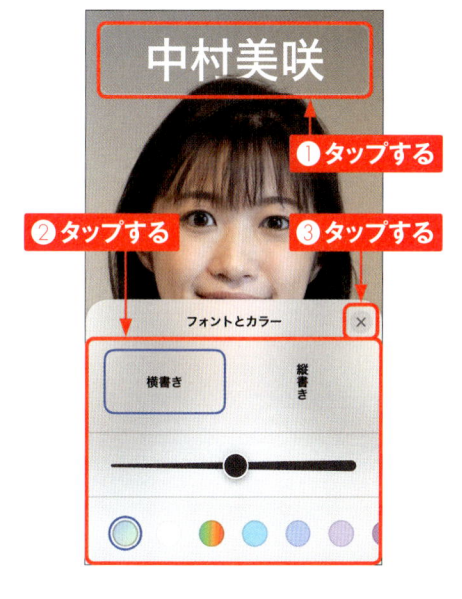

⑦ ［完了］をタップします。

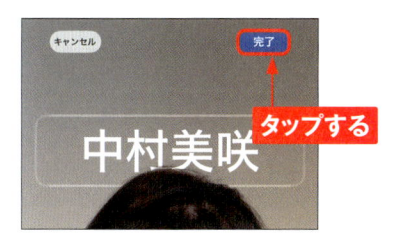

⑧ ［続ける］ → ［続ける］ → ［完了］の順にタップすると、連絡先の写真とポスターの作成が完了します。

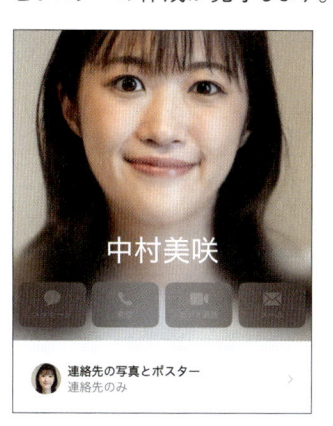

2

MEMO NameDropを使って連絡先情報を共有する

iPhoneの上端を相手のiPhoneの上端に近づけると、相手の連絡先を受信したり、自分の連絡先を共有したりできます。受信した相手の連絡先は、［完了］をタップすると「連絡先」アプリに登録できます。なお、マイカードの連絡先（P.46 MEMO参照）が設定されていない場合は「連絡先情報を受信しますか？」画面が表示され、相手の連絡先を受信することしかできません。

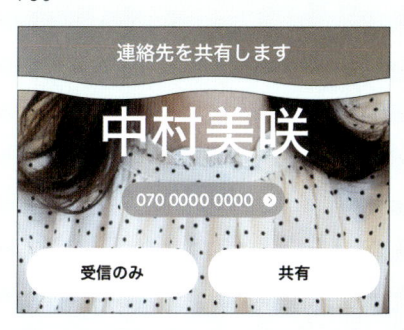

留守番電話を確認する

Application

iOS 18で、電話に応答できないときなどに、本体に発信者からのメッセージを記録する「ライブ留守番電話」機能が利用できるようになりました。ソフトバンクが提供する留守番電話サービスとの違いも確認しましょう。

ライブ留守番電話を利用する

① 「電話」アプリを起動し、［留守番電話］をタップすると、初回起動時は、［続ける］をタップすると、ライブ留守番電話を利用できるようになります。また、「設定」アプリで、［アプリ］→［電話］→［ライブ留守番電話］の順にタップすると、オンとオフを設定できます。

② 録音された留守番電話がある場合、通知センターに通知が表示されます。留守番電話を確認するには、「電話」アプリを起動し、［留守番電話］をタップします。聞きたい留守番電話をタップします。

③ 留守番電話が再生されます。また、文字起こしされた内容が下部に表示されます。

MEMO 録音中にメッセージを確認する

相手が留守番電話にメッセージを録音中、音声を文字起こししたテキストが表示されます。

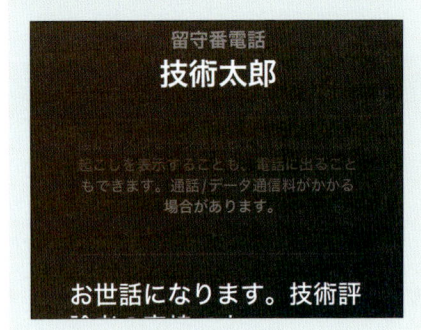

留守番電話を削除する

1 録音された留守番電話を削除するには、P.48手順②の画面で、左上の［編集］をタップし、削除したい留守番電話をタップして、［削除］をタップします。

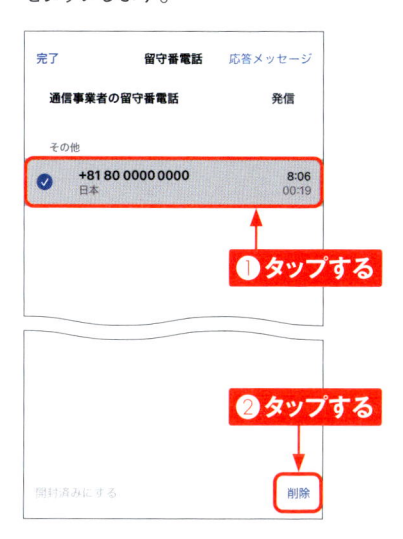

2 手順①の操作をしても、すぐに留守番電話は削除されません。P.48手順②の画面を表示して、［削除したメッセージ］をタップします。

3 削除した留守番電話が表示されます。留守番電話をタップすると、再生することができます。右上の［すべてを消去］をタップすると、完全に削除することができます。

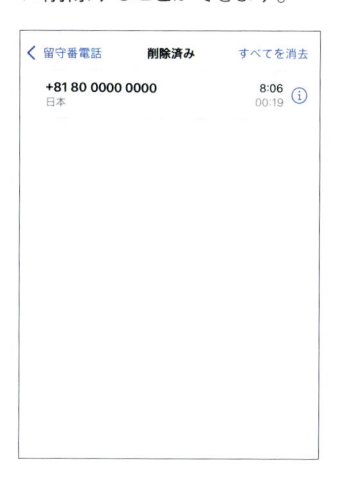

MEMO　ライブ留守番電話とソフトバンクの留守番電話サービス

ライブ留守番電話は料金がかかりませんが、電波の届かない場所では利用できません。ソフトバンクでは、電波が届かない場所でも留守番電話が使える「留守番電話プラス」（有料）を提供しています。サービスを契約すれば、留守番電話の標準の応答時間（20秒）を極端に短く設定しない限り、電波が届く場所でライブ留守番電話が利用できる状態ではライブ留守番電話、電波が届かない場合やライブ留守番電話が利用できない場合には留守番電話サービスを利用することができます。

着信拒否を設定する

Application

iPhoneでは、着信拒否機能が利用できます。なお、着信拒否が設定できるのは、発着信履歴のある相手か、「連絡先」に登録済みの相手です。

履歴から着信拒否に登録・解除する

1 P.40手順①〜②を参考に「履歴」画面を表示し、着信を拒否したい電話番号の①をタップします。

2 ［発信者を着信拒否］をタップします。

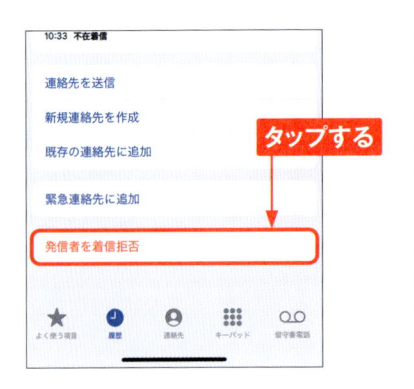

3 ［連絡先を着信拒否］をタップします。

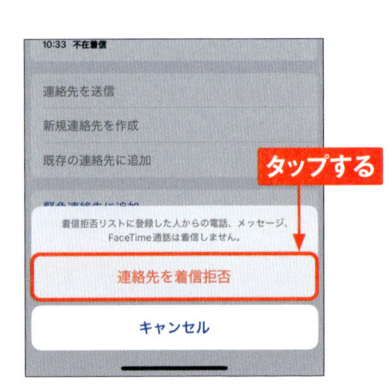

4 着信拒否設定が完了します。［発信者の着信拒否設定を解除］をタップすると、着信拒否設定が解除されます。

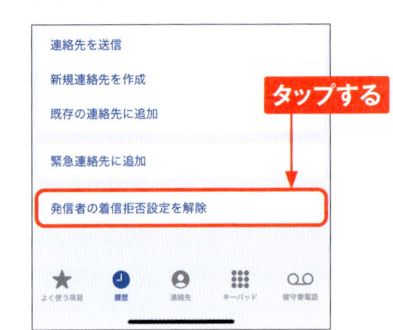

連絡先から着信を拒否する

1 ホーム画面で📞をタップし、［連絡先］をタップします。着信を拒否したい連絡先をタップします。

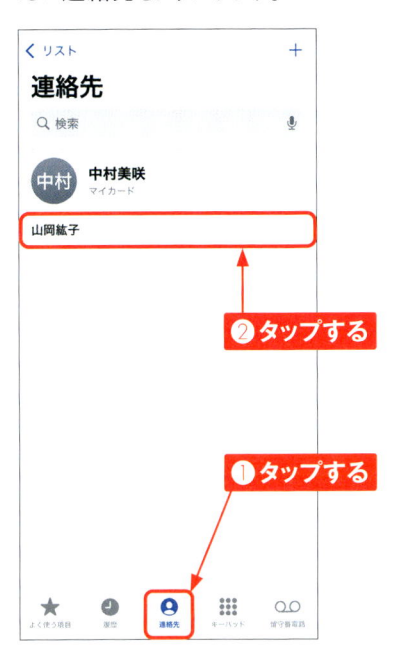

2 ［発信者を着信拒否］をタップします。

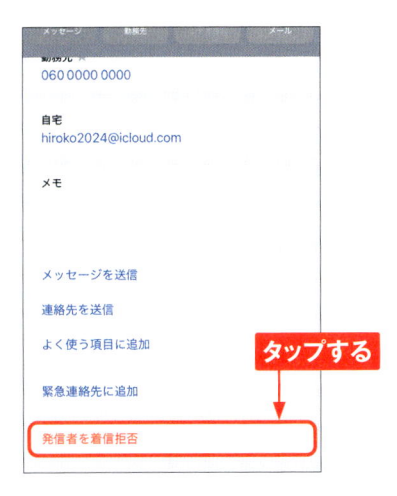

3 ［連絡先を着信拒否］をタップします。

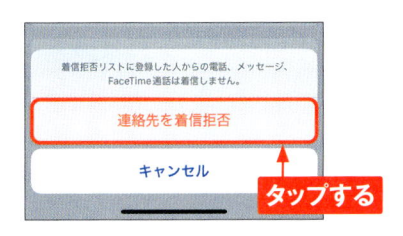

4 着信拒否設定が完了します。［発信者の着信拒否設定を解除］をタップすると、着信拒否設定が解除されます。

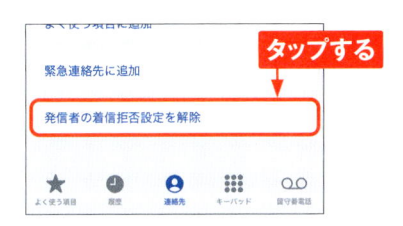

MEMO
不明な発信者を消音する

連絡先に登録していない不明な番号から着信が来た場合、「不明な発信者を消音」にする設定をしていると、着信は消音され、履歴に表示されます。ホーム画面で［設定］→［アプリ］→［電話］→［不明な発信者を消音］の順にタップし、○をタップして●にすると設定できます。

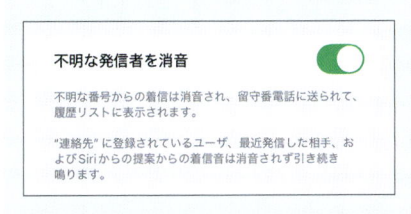

16	Plus	Pro	Pro Max

音量・着信音を変更する

Application

着信音量と着信音は、「設定」アプリで変更できます。標準の着信音に飽きてきたら、「設定」アプリの「サウンドと触覚」画面から、新しい着信音を設定してみましょう。

⏻ 着信音量を調節する

① ホーム画面で[設定]をタップします。

タップする

② [サウンドと触覚] をタップします。

タップする

③ 「着信音と通知音」の を左右にドラッグし、音量を設定します。

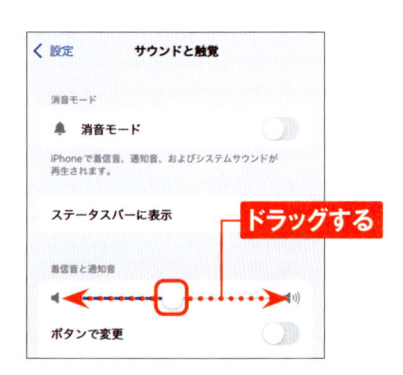

ドラッグする

MEMO 通話音量を変更する

通話音量を変更したいときは、通話中に本体左側面の音量ボタンを押して変更します。

⏻ 好きな着信音に変更する

1 P.52手順①〜②を参考に「サウンドと触覚」画面を表示し、[着信音] をタップします。

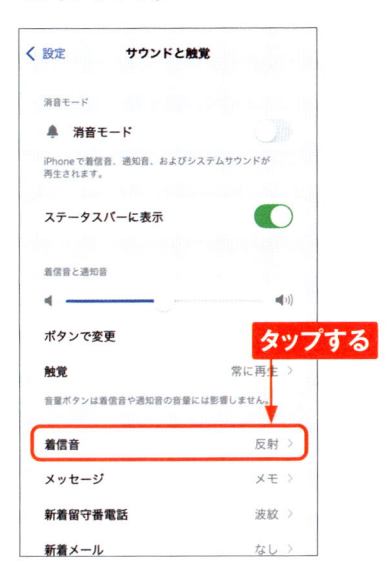

2 任意の項目をタップすると、着信音が再生され、選択した項目が着信音に設定されます。[サウンドと触覚] をタップして、もとの画面に戻ります。

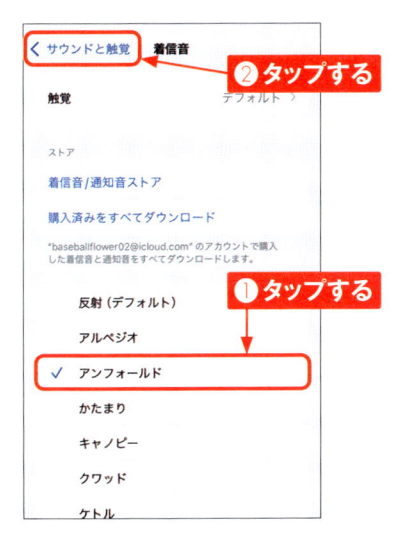

3 [メッセージ] をタップすると、メッセージ着信時の通知音を変更することができます。

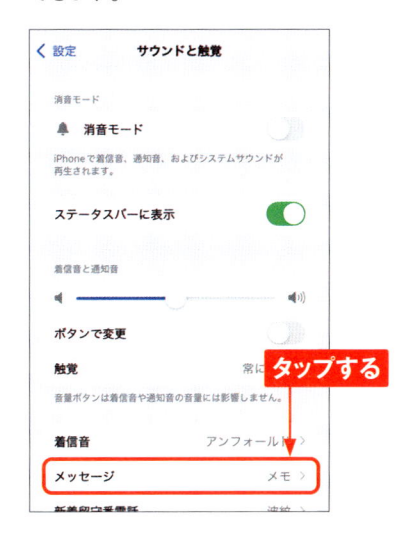

MEMO 着信音を購入する

着信音は購入することもできます。手順②の画面で [着信音/通知音ストア] をタップすると、「iTunes Store」アプリが起動し、着信音の項目に移動します。なお、着信音の購入にはApple Account（Sec. 15参照）が必要です。

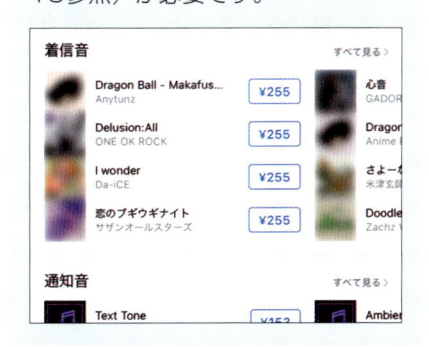

⏻ 消音モードに切り替える

① アクションボタンを長押しします。アクションボタンに別の機能を設定している場合は（Sec.76参照）、右下のMEMOの方法を参考にしてください。

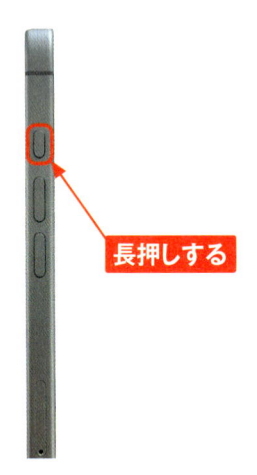

長押しする

② iPhoneが消音モードになり、Dynamic Islandに「消音」と表示されます。着信音と通知音、そのほかのサウンド効果が鳴らなくなります。

③ 消音の状態で、アクションボタンを長押しすると、消音モードがオフになります。Dynamic Islandに「着信」と表示されます。

MEMO コントロールセンターから設定を切り替える

コントロールセンターから消音モードに切り替えることできます。コントロールセンターを表示し、をタップして🔕にすると、消音モードがオン、再度🔕をタップして🔔にすると、消音モードがオフになります。

タップする

Chapter 3

基本設定を行う

16	Plus	Pro	Pro Max

Apple Accountを作成する

Application

Apple Accountを作成すると、App StoreやiCloudといったAppleが提供するさまざまなサービスが利用できます。ここでは、iCloudメールアドレスを取得して、Apple Accountを作成する手順を紹介します。

⏻ Apple Accountを作成する

① ホーム画面で[設定]をタップします。

② 「設定」画面が表示されるので、[Apple Account] をタップします。「設定」画面が表示されない場合は、画面左上のくを何度かタップします。

③ ［Apple Accountをお持ちでない場合］をタップします。

MEMO

すでにApple Accountを持っている場合

iPhoneを機種変更した場合など、すでにApple Accountを持っている場合は、Apple Accountを作成する必要はありません。手順③の画面で［手動でサインイン］をタップし「Apple Account」を入力して［続ける］をタップします。「パスワード」を入力して、［続ける］をタップしたら、P.59手順⑮へ進んでください。

④ 「姓」と「名」を入力し、［生年月日］をタップします。

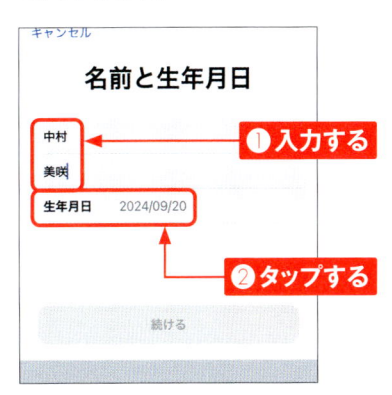

⑤ 現在の年月をタップします。

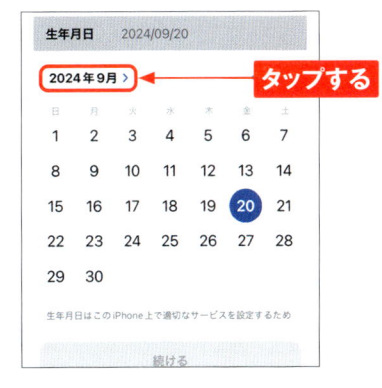

⑥ 生年月日の年月を上下にスワイプして設定します。年月の部分をタップします。

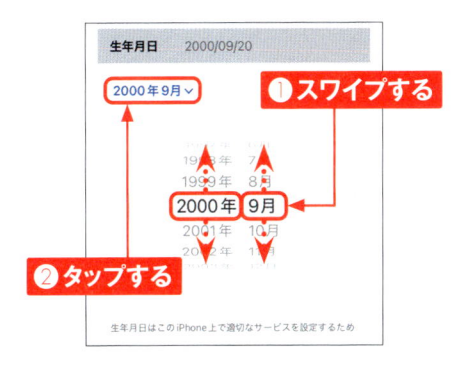

⑦ 生年月日の日をタップし、［続ける］をタップします。

⑧ ［メールアドレスを持っていない場合］をタップします。

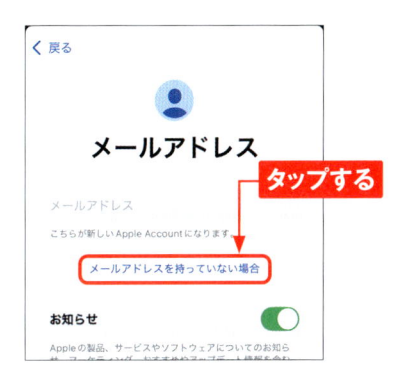

⑨ ［iCloudメールアドレスを入手］をタップします。

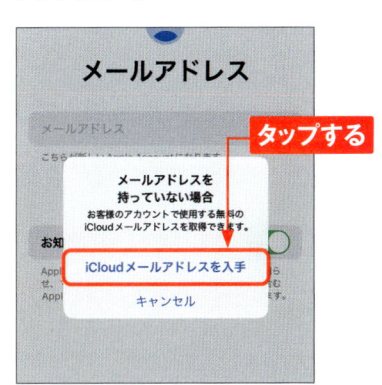

⑩ 「メールアドレス」に希望するメールアドレスを入力し、［続ける］をタップします。なお、Appleからの製品やサービスに関するメールが不要な場合は、「お知らせ」の⬤をタップして◯にしておきます。

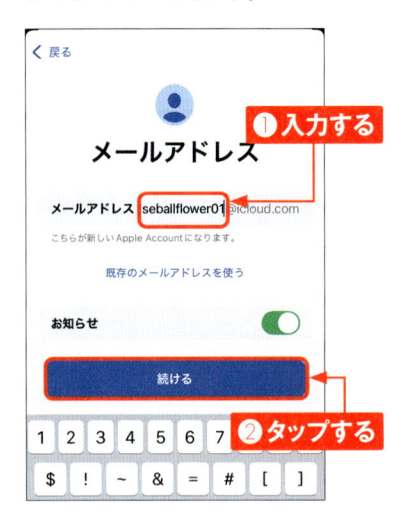

⑪ ［メールアドレスを作成］をタップします。

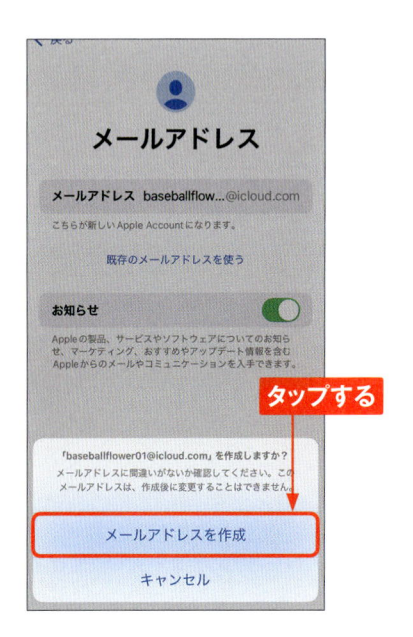

⑫ 「パスワード」と「確認」に同じパスワードを入力し、［続ける］をタップします。なお、入力したパスワードは、絶対に忘れないようにしましょう。

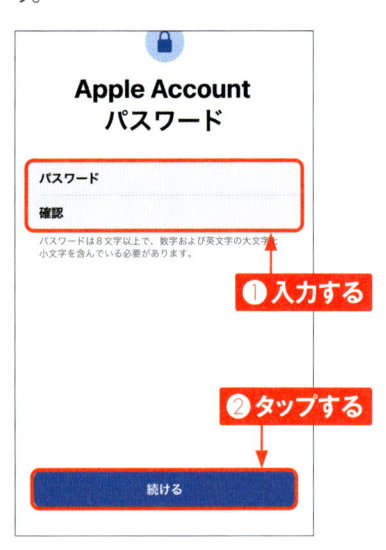

本人確認を求められた場合

新規にApple Accountを作成するときなど、2ファクタ認証の登録がされていない場合、手順⑫のあとに本人確認を求められるときがあります。その場合は、本人確認のコードを受け取る電話番号を確認して、確認方法を［SMS］か［音声通話］から選択してタップし、［次へ］をタップします。届いた確認コードを入力（SMSは自動入力）すると、自動的に手順⑭の画面が表示されます。

(13) 本人確認に使用する電話番号を確認し、[続ける] をタップします。

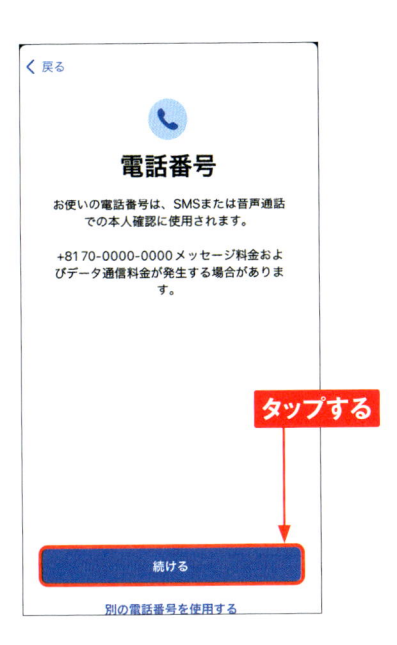

(14) 「利用規約」画面が表示されるので、内容を確認し、[同意する] をタップします。

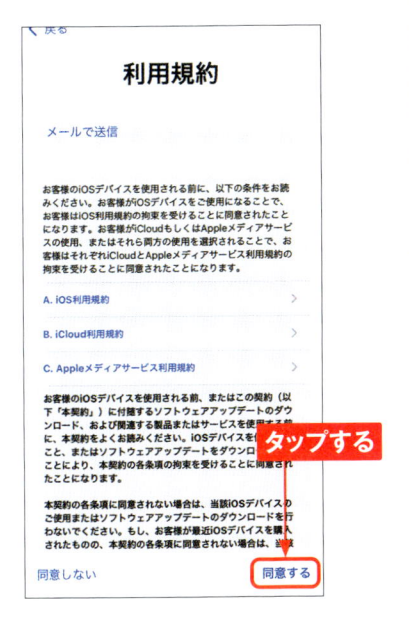

(15) Apple Accountが作成されます。パスコードを設定している場合は、パスコードを入力します。

(16) 設定が完了します。

Apple Accountに 支払い情報を登録する

Application

iPhoneでアプリを購入したり、音楽・動画を購入したりするには、Apple Accountに支払い情報を設定します。支払い方法は、クレジットカード、キャリア決済などから選べます。ここでは、クレジットカードでの手順を紹介します。

⏻ Apple Accountにクレジットカードを登録する

① ホーム画面で[設定]をタップします。

② 自分の名前をタップします。

③ ［お支払いと配送先］をタップします。

④ ［クレジット／デビットカード］にチェックが付いていることを確認します。チェックが付いていない場合はタップしてチェックを付けます。

⑤ カード番号、有効期限、セキュリティコードを入力したら、「請求先住所」の自分の名前をタップします。

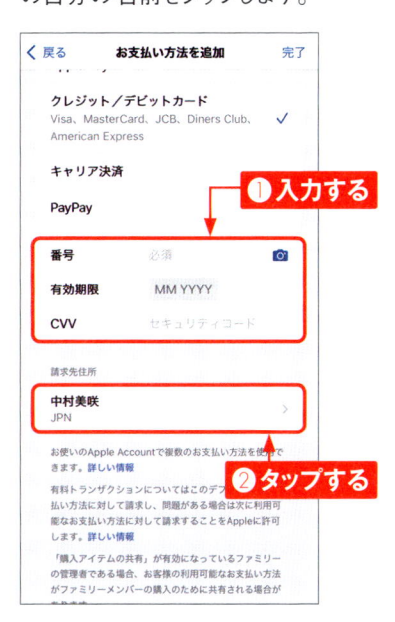

⑦ 請求先住所や電話番号を入力し、[完了] をタップします。

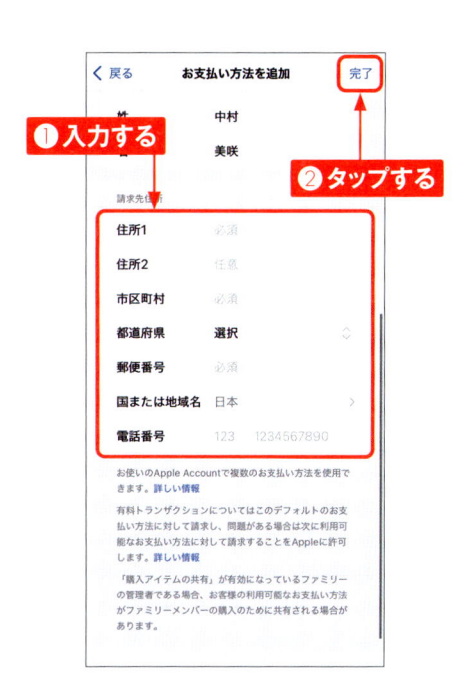

⑥ 請求先氏名を入力します。

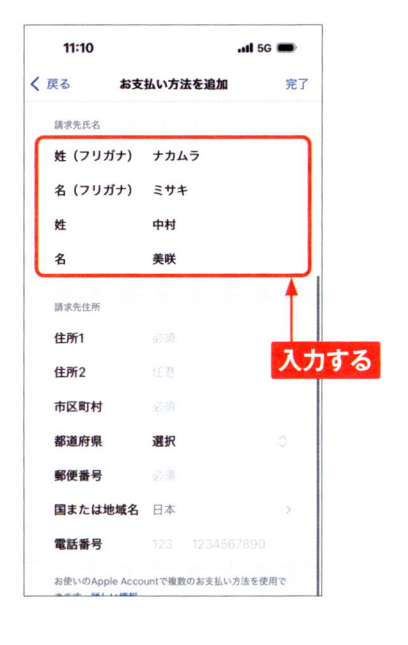

3

MEMO クレジットカードを持っていない場合

クレジットカードを持っていない場合は、キャリア決済やApple Pay、PayPayのほかに、Apple Gift Cardを利用できます。Apple Gift Cardを利用する場合は、ホーム画面で [App Store] をタップし、◉→ [ギフトカードまたはコードを使う] の順にタップして、画面に従ってコードを登録します。

Application

メールを設定する

iPhoneでは、テキストでの連絡用に「メール」と「メッセージ」の2つのアプリが用意されています。まずは、両者を利用するための設定を行いましょう。

「メール」アプリと「メッセージ」アプリ

iPhoneでは、「メール」と「メッセージ」というアプリを使って、相手とテキストで連絡を取り合えます。「メール」アプリでは、パソコンのメールソフトのように、「iCloudメール」や「Gmail」など複数のメールアカウントを設定して、それぞれ使い分けることができます。会社やプロバイダーのメールアカウント、またソフトバンクが提供するEメール（i）のメールアカウントも登録可能です。

一方「メッセージ」アプリは、SMSとMMS、iMessageの3つのサービスが利用できます（Sec.19参照）。送受信した内容が吹き出しのように画面の左右に一覧表示され、これまでの経緯をすぐ確認できるのが特徴です。

ソフトバンクのiPhoneでは、「メール」アプリと「メッセージ」アプリに別々のアドレスを設定して受信内容を管理します。まずはSafariから「My SoftBank」にログインし、アドレス変更などの設定を完了させましょう。

「メール」アプリは、携帯電話と同じようにEメールを利用できます。

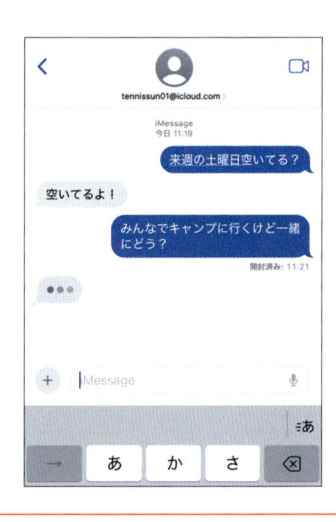

「メッセージ」アプリは、やりとりした内容をすぐに確認できます。

⏻ My SoftBankにログインする

① Wi-Fiに接続している場合は接続を解除します。ホーム画面で🧭をタップし、画面下にある📖をタップしてブックマークを開きます。

② ［My SoftBank］をタップします。

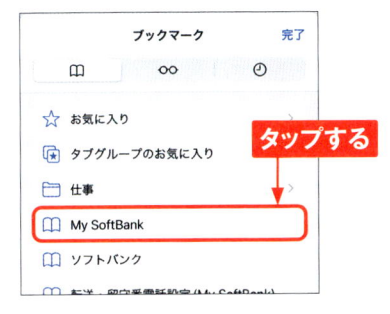

③ ［My SoftBankにログイン］をタップします。

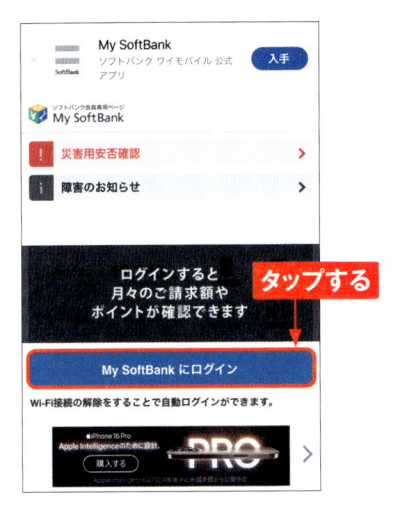

④ 携帯電話番号またはSoftBank IDとパスワードを入力し、［ログインする］をタップします。

MEMO すでにログインされている場合

「My SoftBank」の「自動ログインの設定」が「利用する」になっている場合、手順②のあと、すでにログインした状態で「My SoftBank」画面が開きます。「自動ログインの設定」は、手順④のあとの画面で、≡（［メニュー］）→［アカウント管理］→「自動ログイン」の［設定する］をタップすると確認、変更ができます。

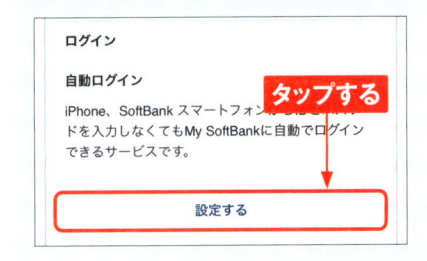

⏻ パスワードを変更する

1 P.63手順④の画面で、［パスワードをお忘れの方］をタップします（P.65 MEMO参照）。

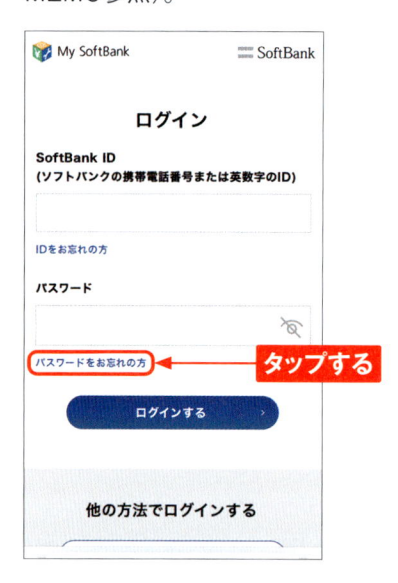

2 携帯電話番号を入力します。

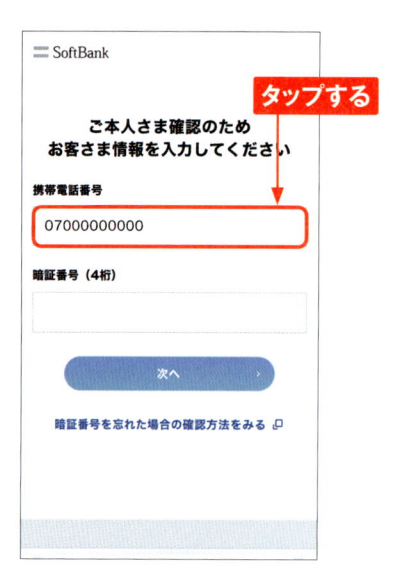

3 ソフトバンク契約時に記入した暗証番号を入力し、［次へ］をタップします。

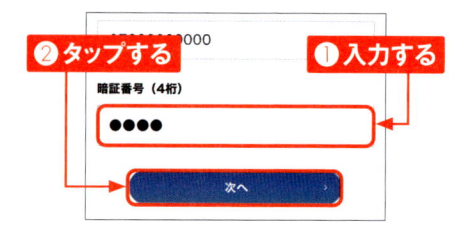

4 手順③で［次へ］をタップすると、メッセージが届きます。メッセージをタップすると、セキュリティ番号を確認できます。

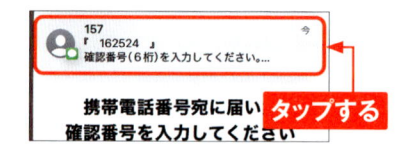

MEMO バナーがタップできなかった場合

手順④などで表示されるバナーは、しばらく経つと表示が消えてしまいます。バナーをタップできなかった場合は、画面左上端を下方向にスワイプし、画面中央を上方向にスワイプして通知センターを表示し、通知をタップしましょう。

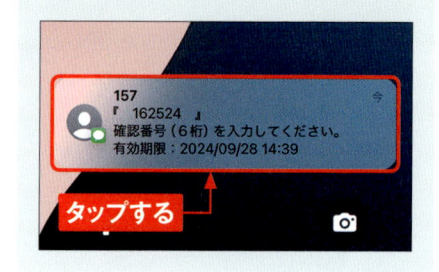

5 P.64手順④で届いたメッセージに記載されているセキュリティ番号を入力し、[次へ]をタップします。

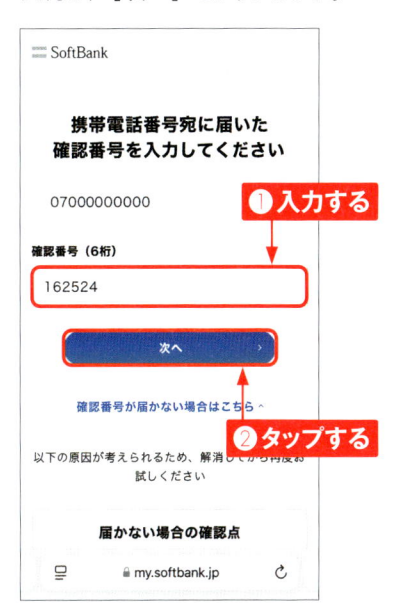

6 新しく設定するパスワードを入力し、[パスワードを設定する]をタップします。

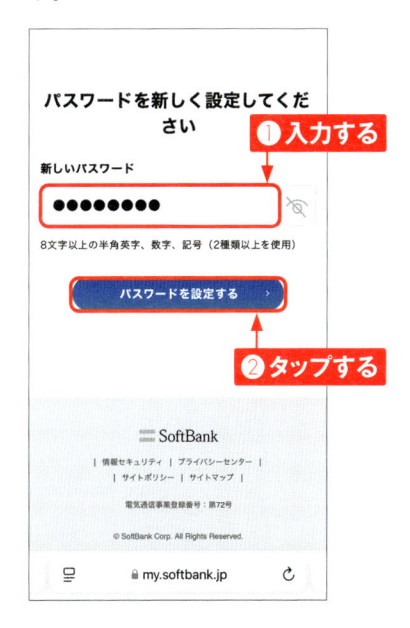

7 パスワードの設定が完了します。[My SoftBank トップへ]をタップすると、「My SoftBank」画面に移動します。

MEMO ログインしている状態でパスワードを変更する

すでにログインしている画面からパスワードを変更する場合は、[メニュー]→[アカウント管理]の順にタップし、「パスワード変更」の[変更する]をタップします。暗証番号を入力すると、パスワードを変更できます。

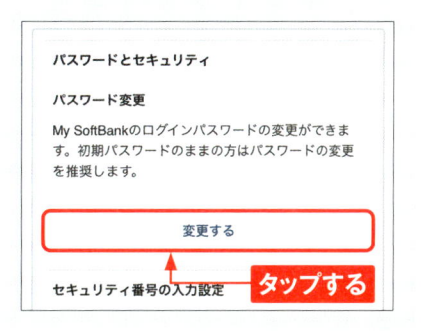

3

① スマートログインを設定する

① P.63手順①～②を参考に、Safariで「My SoftBank」にアクセスします。

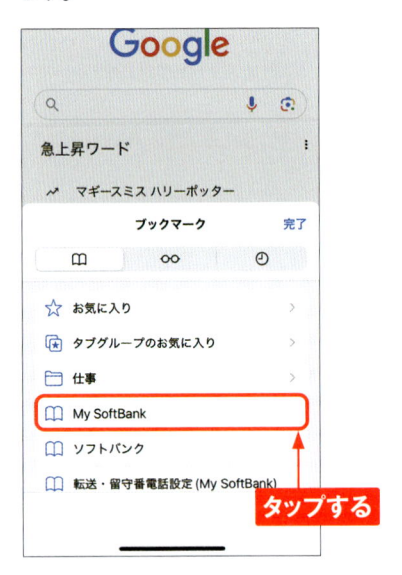

② P.63手順③～④を参考に「My SoftBank」にログインし、[設定・確認]をタップします。

③ 「LYPプレミアム 適用状況」画面が表示されます。スマートログインを設定していない場合は、[いますぐ設定する]をタップします。

④ [規約に同意して新しいIDを作って設定する]をタップします。

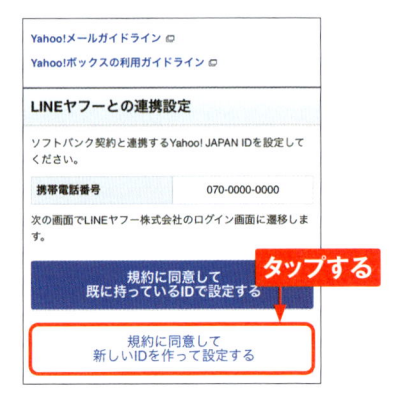

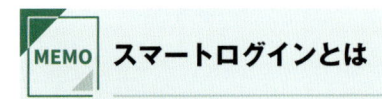

> **MEMO スマートログインとは**
>
> スマートログインとは、ソフトバンクと提携しているYahoo! JAPANやLINE、PayPayにかんたんにログインできたり、特典がもらえたりする機能です。

⑤ スマートログインの設定が完了します。[次へ] をタップします。

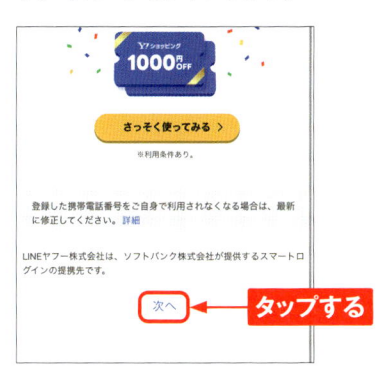

⑥ 受信した確認コードを入力し、[認証する] をタップします。

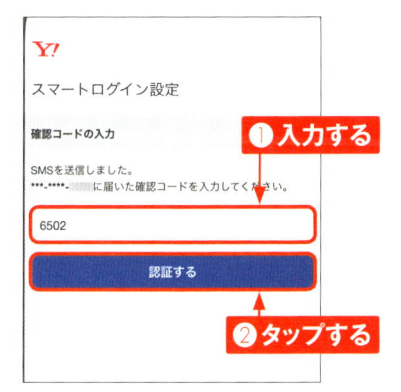

⑦ V会員情報を入力します。

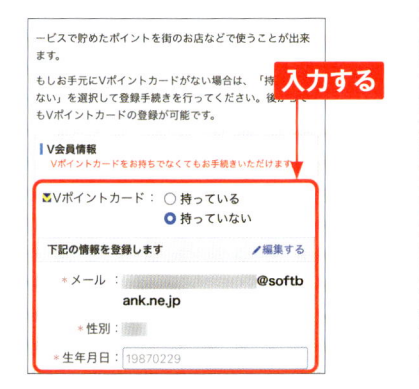

⑧ 上方向へスワイプして、[同意して登録する] をタップします。

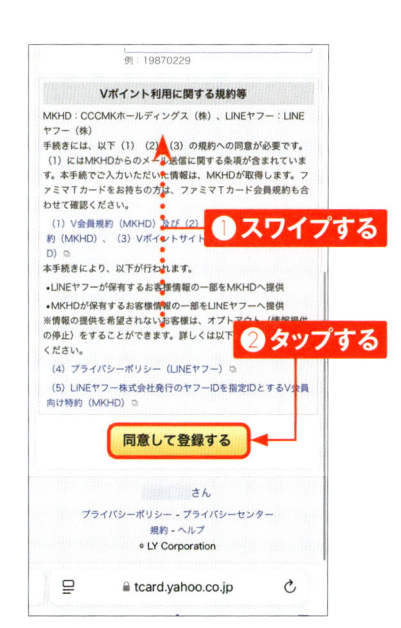

⑨ 手続きが完了します。

⏻ Eメール（i）のメールアドレスを変更する

① P.63手順①〜②を参考に、Safariで「My SoftBank」にアクセスします。

② 自動で「My SoftBank」にログインします。［メール設定］をタップします。

③ 「メール管理」画面が表示されます。「Eメール（i)」の［確認・変更］をタップします。

④ 新しいメールアドレスを入力し、［次へ］をタップします。前にメールアドレスを登録していた場合は、［前のメールアドレスに戻す］をタップすることで、前のアドレスに戻すことができます。

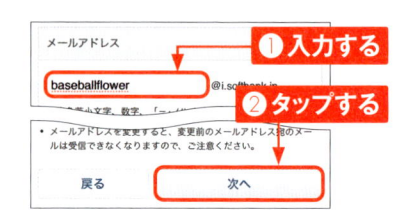

⑤ 表示されたメールアドレスを確認して、［変更する］をタップします。

⑥ Eメール（i）のメールアドレスの変更が完了します。メッセージに確認の連絡が届きます。

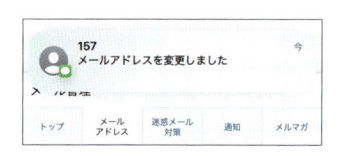

 MEMO **画面の表示を拡大する**

手順④などの画面表示が小さくて閲覧しづらい場合は、画面をピンチオープンして拡大すると、閲覧しやすくなります。

⏻ MMSのメールアドレスを変更する

1 P.63手順①〜②を参考に、Safariで「My SoftBank」にアクセスします。

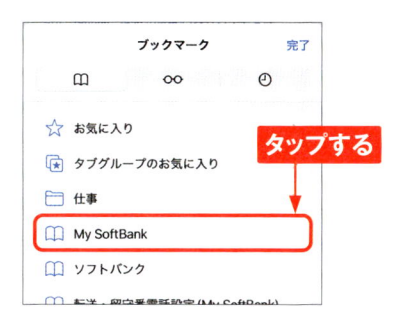

2 自動で「My SoftBank」にログインします。[メール設定]をタップします。

3 「メール管理」画面が表示されます。「S!メール（MMS）」の［確認・変更］をタップします。

4 新しいメールアドレスを入力し、［次へ］をタップします。前にメールアドレスを登録していた場合は、［前のメールアドレスに戻す］をタップすることで、前のアドレスに戻すことができきます。

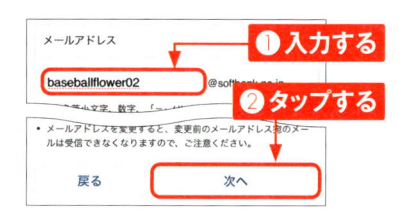

5 表示されたメールアドレスを確認して、［変更する］をタップします。

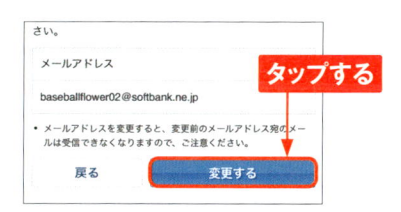

6 MMSのメールアドレスの変更が完了します。メッセージに確認の連絡が届きます。

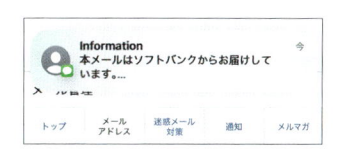

MEMO メールアドレスは「一括設定」でまとめて設定

変更したメールアドレスは、この時点ではまだ利用できません。利用するための設定はP.70で行います。

⏻ 一括設定をする

① Sec.05を参考に、あらかじめWi-Fi を未接続にしておきます。Safariで 「sbwifi.jp」と入力し、[go] をタッ プします（Sec.25参照）。

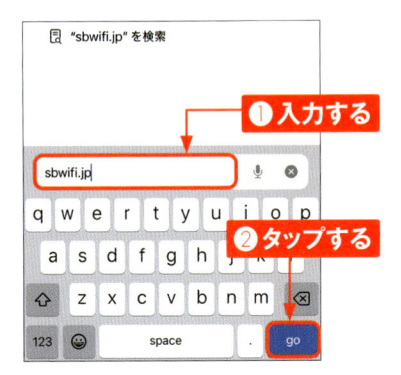

② 一括設定の説明画面が表示されま す。利用規約を確認し、[同意して 設定開始] をタップします。

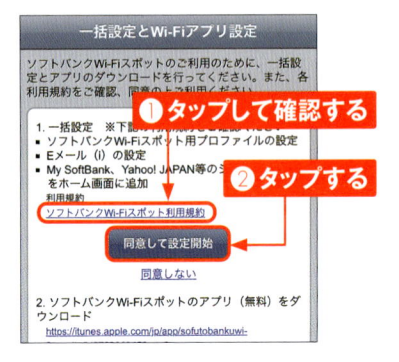

③ メッセージの通知が表示されるので バナーをタップし、本文を表示しま す。

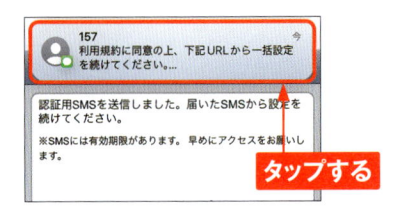

④ 「同意して設定」のURLをタップし ます。

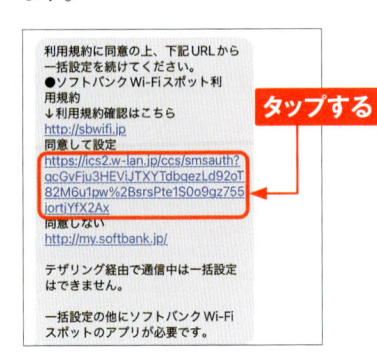

⑤ プロファイルをダウンロードします。 [許可] → [閉じる] の順にタップ します。

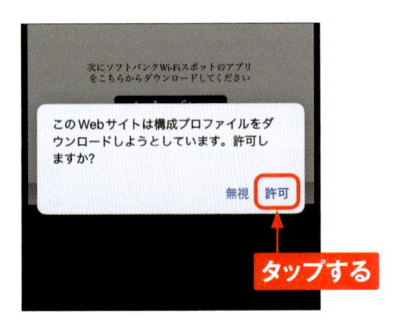

⑥ ホーム画面で [設定] → [ダウンロー ド済みのプロファイル] → [インストー ル] の順にタップします。

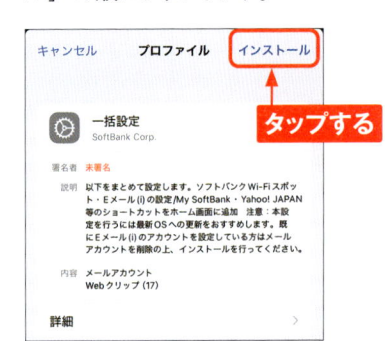

⑦ パスコードを設定している場合は入力します。

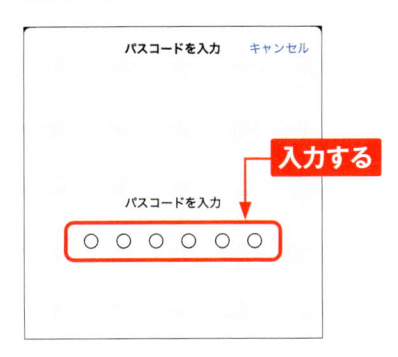

⑧ [インストール] をタップして、再度 [インストール] をタップします。

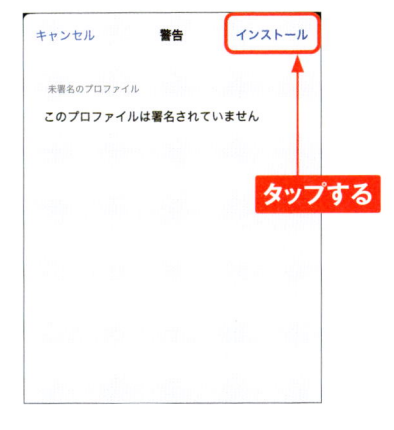

⑨ メールアカウントに登録する名前を入力し、[次へ] をタップします。

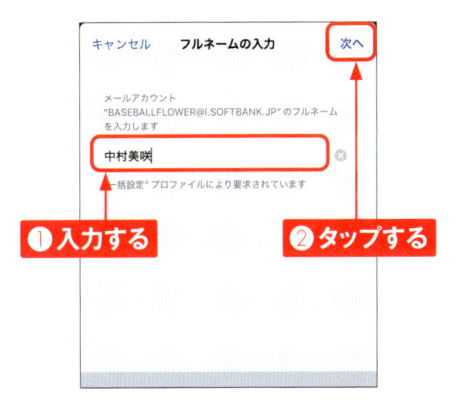

⑩ 「インストール完了」画面が表示されたら、[完了] をタップします。

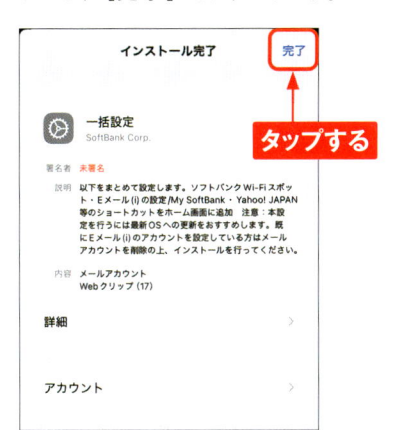

 MEMO 一括設定した内容を確認する

ホーム画面で [設定] → [一般] → [VPNとデバイス管理] → [一括設定] の順にタップします。「一括設定」画面が表示され、[アカウント] をタップするとFONやソフトバンクWi-Fiスポット、Eメール (i) のアカウント情報を確認できます。

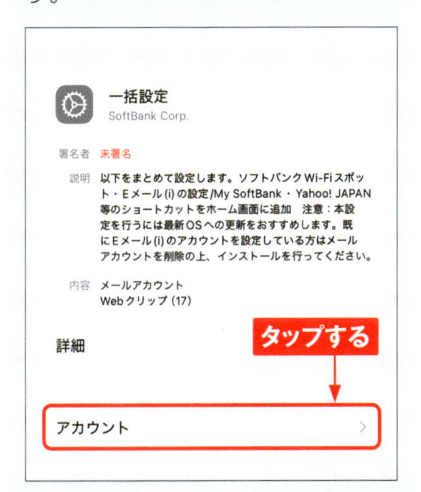

| 16 | Plus | Pro | Pro Max |

Wi-Fiを利用する

Application

Wi-Fi（無線LAN）を利用してインターネットに接続しましょう。ほとんどのWi-Fiにはパスワードが設定されているので、Wi-Fi接続前に必要な情報を用意しておきましょう。

Wi-Fiに接続する

① ホーム画面で［設定］→［Wi-Fi］の順にタップします。

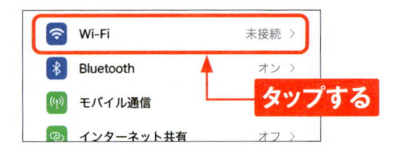

② 「Wi-Fi」が●であることを確認し、利用するネットワークをタップします。

③ 接続に必要なパスワードを入力し、［接続］をタップします。

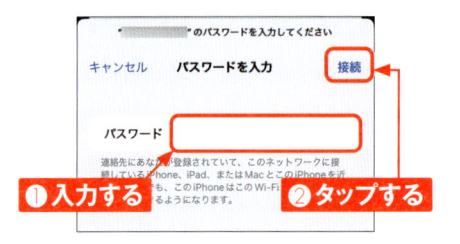

④ 接続に成功すると画面右上に🛜が表示され、接続したネットワーク名に✓が表示されます。

MEMO ソフトバンク Wi-Fiスポット

P.70で一括設定を行うと、ソフトバンクWi-Fiスポットエリアに入った時点で自動的にWi-Fiスポットに接続されます。接続できない場合は、手順②で「WiFi」が●になっていることを確認します。

🔘 手動でWi-Fiを設定する

① P.72手順②で一覧に接続するネットワーク名が表示されないときは、[その他]をタップします。

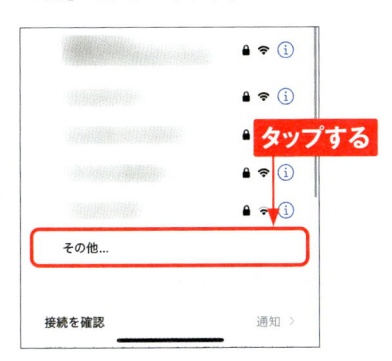

② ネットワーク名（SSID）を入力し、[セキュリティ]をタップします。

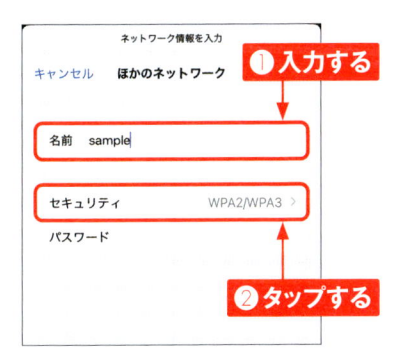

③ 設定されているセキュリティの種類をタップして、[戻る]をタップします。

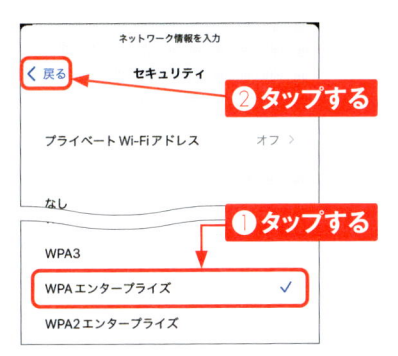

④ パスワードなどを入力し、[接続]をタップすると、Wi-Fiに接続されます。

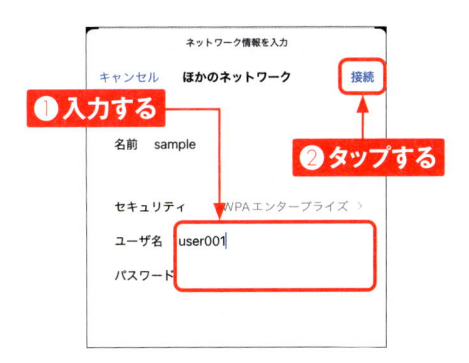

MEMO プライベートWi-Fiアドレス

プライバシーリスク軽減のため、各Wi-Fiネットワークで、ランダムに割り振られた個別のWi-Fi MACアドレス（プライベートWi-Fiアドレス）を使用できます。手順①の画面で、ネットワーク名の右の ⓘ をタップし、[プライベートWi-Fiアドレス]をタップして、[固定]または[ローテーション]をタップします。

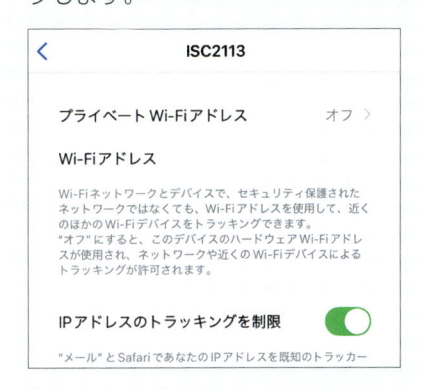

3

 **アプリの位置情報**

iPhoneでは、GPSやWi-Fiスポット、携帯電話の基地局などを利用して現在地の位置情報を取得することができます。その位置情報をアプリ内で利用するには、アプリごとに許可が必要です。アプリの起動時や使用中に位置情報の利用を許可するかどうかの画面が表示された場合、［アプリの使用中は許可］または［1度だけ許可］をタップすることで、そのアプリ内での位置情報の利用が可能となります。位置情報を利用することで、X（旧Twitter）で自分の現在地を知らせたり、Facebookで現在地のスポットを表示したりと、便利に活用することができます。しかし、うっかり自宅の位置を送信してしまったり、知られたくない相手に自分の居場所が知られてしまったりすることもあります。注意して利用しましょう。なお、アプリの位置情報の利用許可はあとから変更することもできます。ホーム画面で［設定］→［プライバシーとセキュリティ］→［位置情報サービス］の順にタップすると、アプリごとに、しない／次回または共有時に確認／このアプリの使用中などの中から変更できるので、一度設定を見直しておくとよいでしょう。

アプリ内で位置情報を求められた例です。［アプリの使用中は許可］または［1度だけ許可］をタップすると、アプリ内で位置情報が利用できるようになります。

「X（旧Twitter）」アプリで位置情報の利用を許可した場合、新規ポスト（旧ツイート）を投稿する際に、位置情報がタグ付けできるようになります。

ホーム画面で［設定］→［プライバシーとセキュリティ］→［位置情報サービス］の順にタップして、変更したいアプリをタップし、［しない］をタップすると、位置情報の利用をオフにできます。また、［正確な位置情報］をタップして、◯にすると、おおよその位置情報が利用されます。

Chapter 4

メール機能を利用する

メッセージを利用する

Application

iPhoneの「メッセージ」アプリではSMSやiMessageといった多彩な方法でメッセージをやりとりすることができます。ここでは、それぞれの特徴と設定方法、利用方法を解説します。

メッセージの種類

SMS（ショートメッセージサービス）は、電話番号宛にメッセージを送受信できるサービスです。1回の送信には別途送信料がかかります（契約プランや送信先によっては無料）。またMMS（マルチメディアメッセージングサービス）はSMSの拡張版で、電話番号だけでなく、メールアドレス宛にメッセージを送信できます。最大2MBまで送信できるので、写真や動画を添付して送信することも可能です。

iMessageは、iPhoneの電話番号やApple Accountとして設定したメールアドレス宛にメッセージを送受信できます。iMessageはiPhoneやiPadなどのApple製品との間でテキストのほか写真や動画などもやりとりすることができます。また、パケット料金は発生しますが（定額コースは別途料金はかかりません）、それ以外の料金はかかりません。Wi-Fi経由でも利用できます。

「メッセージ」アプリは、両者を切り替えて使う必要はなく、連絡先に登録した内容によって、自動的にSMSとiMessageを使い分けてくれます。

●SMS

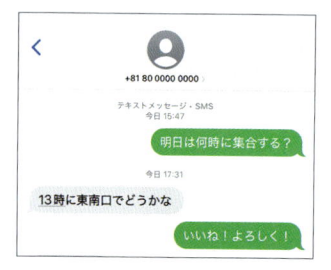

相手がiMessageを使えない場合、SMS／MMSを使ってやりとりします。テキストと絵文字が使え、auやドコモといったほかキャリアの携帯電話とも送受信ができます。なおSMSの送信には送信料がかかります。

●iMessage

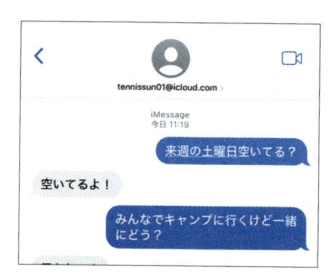

iMessageではiPhoneの電話番号もしくは、Apple Accountとして設定したメールアドレスとやりとりが行えます。SMSと区別がつくよう、吹き出しも青く表示されます。また、写真や動画、音声なども送信することが可能です。

⚙ 「SMS ／ MMS」と「iMessage」の使い分け

iPhoneの「メッセージ」アプリでは、宛先に入力した電話番号やメールアドレスを自動判別して、「SMS ／ MMS」と「iMessage」を使い分けます。

メッセージの新規作成画面で宛先に電話番号を入力すると、相手がiMessageを利用可能にしている場合（P.83参照）は、自動的にiMessageの入力画面になります。それ以外ではSMS ／ MMSの入力画面になり、テキストだけならSMSが、写真やビデオを添付するとMMSが送信されます。なお、電話番号宛にMMSを送信できるのは、相手がSoftBankの携帯電話のときだけです。

一方、宛先にメールアドレスを入力した場合は、アドレスがiMessageの着信用メールアドレス（P.82参照）なら、iMessageの入力画面になります。それ以外では、MMSの入力画面になります。

● 送信されるメッセージの種類と適用条件（上から優先的に適用される）

メッセージの 種類	宛先	相手の端末	相手の iMessage
iMessage	電話番号	iPhone	有効
iMessage	メールアドレス （iMessage着信用）	iPhone ／ iPad ／ Mac（OS X Mountain Lion以降）	有効
SMS	電話番号 ※1	すべての携帯電話	—
MMS	電話番号 ※2	SoftBankの携帯電話	無効
MMS	メールアドレス	携帯電話、パソコンなどメールを受信できる端末	—

※1　全角670文字以内のテキストだけのメッセージの場合、SMSになる。
※2　写真・動画を添付したメッセージの場合、MMSになる。

 ### 「SMS ／ MMS」と「iMessage」のそのほかの違い

「メッセージ」アプリで利用できる、「SMS」、「MMS」、「iMessage」は、上記で解説した以外にもさまざまな違いがあります。たとえば、料金面ではSMSだと文字数に応じ3.3 〜 33円かかりますが（一部の料金プラン加入の場合はソフトバンク携帯電話への送信は無料）、MMSになると、データ定額が適用されます。一方で、iMessageはWi-Fi環境があれば無料で利用することができ、Wi-Fi環境でない場合はデータ通信料がかかります。料金のほかにも、メッセージ開封を確認する機能や、メッセージの同期設定などにそれぞれ違いがあるので、利用する際は確認しておくとよいでしょう。

🔄 MMSのメールアドレスを設定する

① ホーム画面で[設定]をタップします。

タップする

② [アプリ] → [メッセージ] の順にタップします。

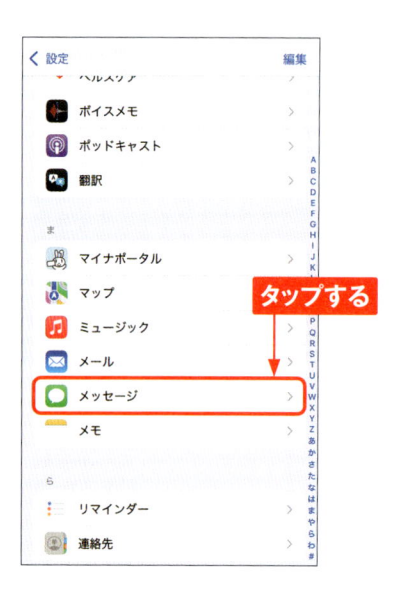

タップする

③ 「MMSメールアドレス」にP.69で設定したメールアドレスを入力します。

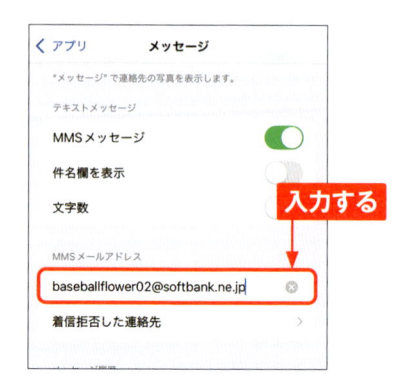

入力する

④ 入力が終わったら左上の<をタップします。

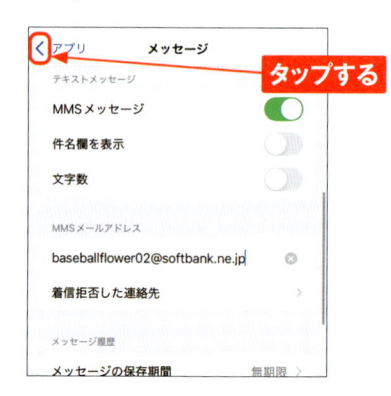

タップする

MEMO 新規契約の場合はメールアドレスの変更からはじめる

新規契約した際のMMSのメールアドレスは、ランダムな文字列が設定されている場合があります。その場合は、P.69を参照してMMSで利用するアドレスを変更しましょう。

⏻ SMS ／ MMSのメッセージを送信する

(1) ホーム画面で◯をタップします。初回起動時は画面の指示に従って操作します。

(2) 「メッセージ」アプリが起動するので、☑をタップします。

(3) 宛先に送信先の携帯電話番号を入力します。連絡先に登録済みの相手は候補が表示されるので、タップします。本文入力フィールドに本文を入力します。最後に↑をタップすると、SMSのメッセージが送信されます。

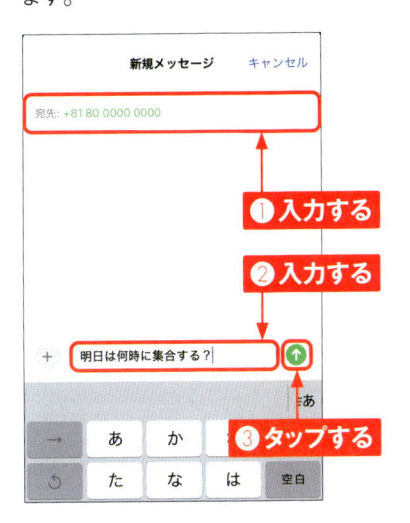

(4) 画面左上の‹をタップします。

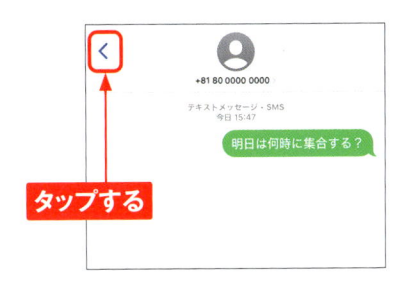

(5) やりとりがメッセージや電話番号ごとに分かれて表示されています。

MEMO SMSとiMessageの見分け方

相手がApple製品以外の場合は、手順③の入力フィールドに「テキストメッセージ・SMS」と表示され、Apple製品の場合は、「iMessage」と表示されます。

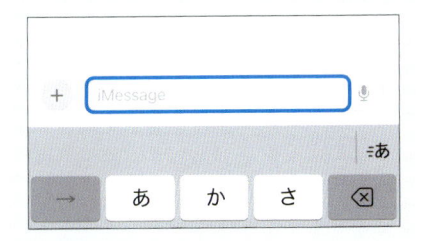

⏻ SMS ／ MMSのメッセージを受信する

① 画面にSMSの通知のバナーが表示されたら（通知設定による）、バナーをタップします。

② SMSのメッセージが表示されます。

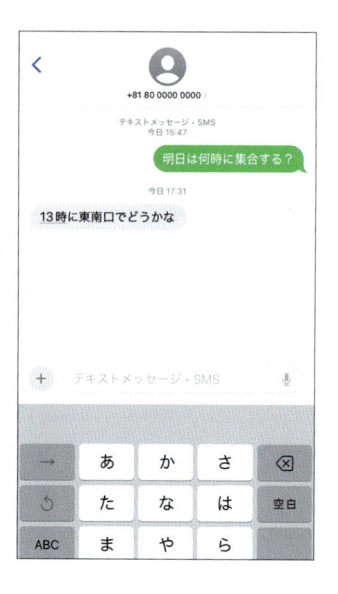

③ 本文入力フィールドに返信内容を入力して、⬆をタップすると、すぐに返信できます。

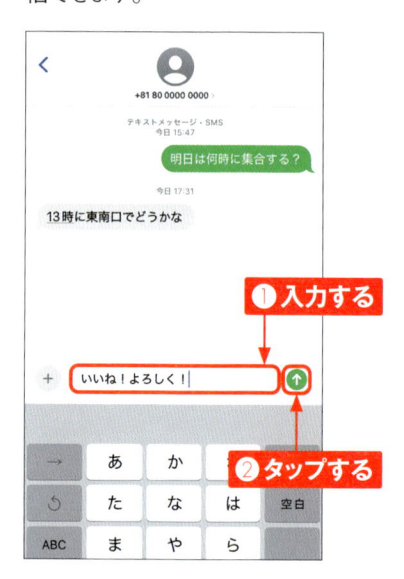

MEMO スリープ時に受信したとき

iPhoneがスリープ時にSMSのメッセージを受信すると、ロック画面に通知が表示されます。通知をタップし、［開く］をタップすると、手順②の画面が表示されます。

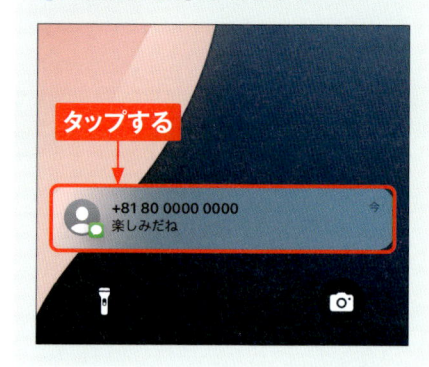

📱 iMessageを設定する

1 ホーム画面で[設定]をタップします。

タップする

2 「設定」アプリが起動するので、[アプリ]をタップします。

タップする

3 [メッセージ]をタップします。

タップする

4 「iMessage」が◯であることを確認したら、[送受信]をタップします。

確認する

タップする

5 Apple Accountを設定していない場合は、[iMessageにApple Accountを使用]をタップします。表示されていない場合は、P.82手順⑦に進みます。

タップする

4

⑥ Apple Accountとパスワードを入力し、[サインイン] をタップします。

① 入力する

② タップする

⑦ iMessage着信用の連絡先情報欄で、利用したい電話番号やメールアドレスをタップしてチェックを付けます。

タップする

⑧ 「新規チャットの発信元」内の連絡先（電話番号かメールアドレス）をタップしてチェックを付けると、その連絡先がiMessageの発信元になります。

タップする

MEMO

別のメールアドレスを追加する

iMessageの着信用連絡先に別のメールアドレスを追加したい場合は、P.81手順②の画面で上部の[自分の名前] → [サインインとセキュリティ] → [編集] → [メールまたは電話番号を追加] → [メールアドレスを追加]の順にタップします。追加したいメールアドレスを入力し、キーボードの [return]をタップすれば、メールアドレスが追加されます。

タップする

4

iMessageを利用する

① ホーム画面で💬をタップし、✍をタップします。

② 宛先に相手のiMessage受信用の電話番号やメールアドレスを入力し、本文入力フィールドをタップします。このときiMessageのやりとりが可能な相手の場合、本文入力フィールドに「iMessage」と表示されます。

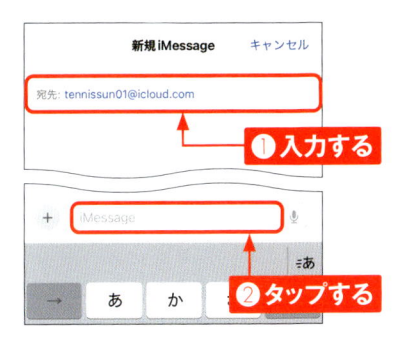

③ 本文を入力し、⬆をタップします。

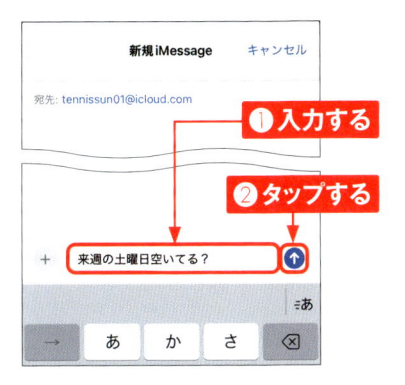

④ iMessageで送信されると、吹き出しが青く表示されます。相手からの返信があると、同様に吹き出しで表示されます。

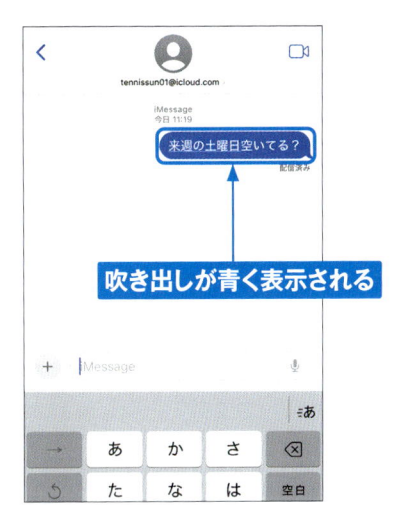

MEMO 相手がメッセージを入力中のとき

相手がメッセージを入力しているときは、 が表示されます。

⏻ メッセージを削除する

1 「メッセージ」アプリを起動し、メッセージ一覧から、削除したい会話をタップします。

2 メッセージをタッチして、[その他...]をタップします。

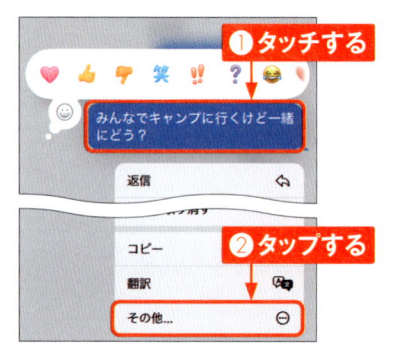

3 削除したいメッセージの○をタップして✓にし、🗑をタップします。

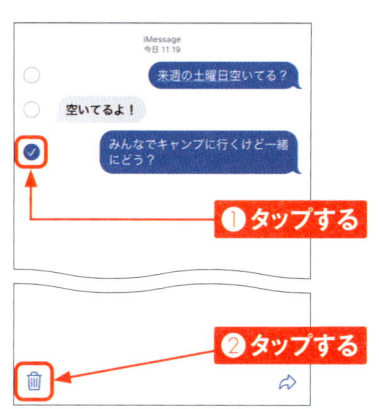

4 [○件のメッセージを削除]をタップします。

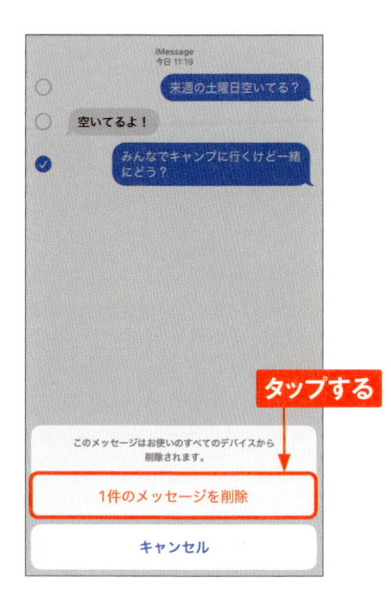

5 メッセージが削除されました。なお、この操作は自分のメッセージウインドウから削除するだけで、相手には影響がありません。

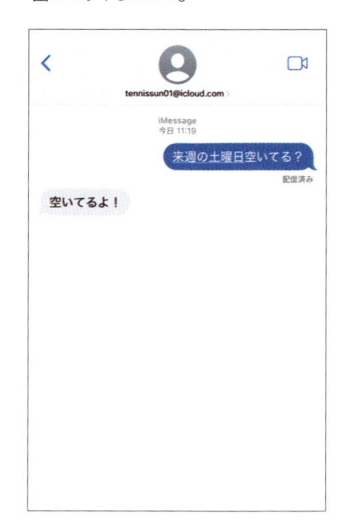

⏻ メッセージを転送する

1 転送したいメッセージがある会話をタップし、メッセージ画面を表示します。

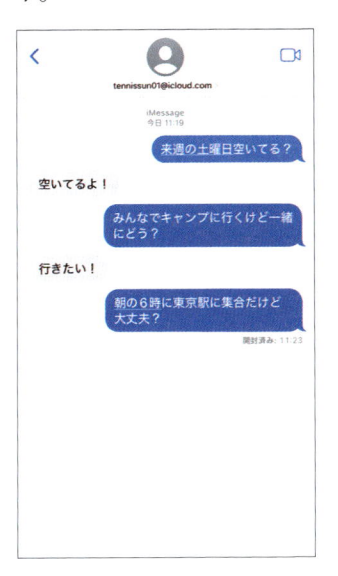

2 転送したいメッセージをタッチして、[その他...] をタップします。

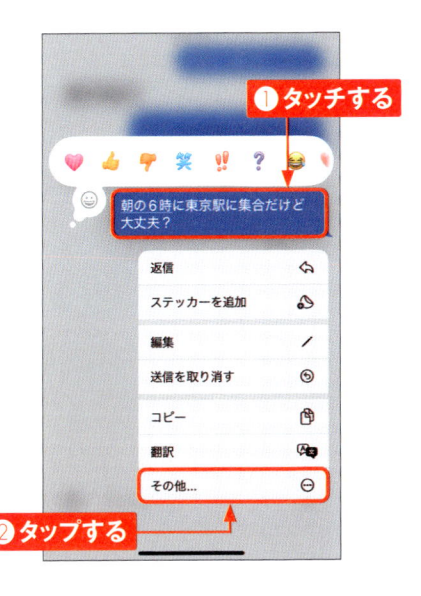

3 転送したいメッセージの ◯ をタップして ✓ にし、↩ をタップします。

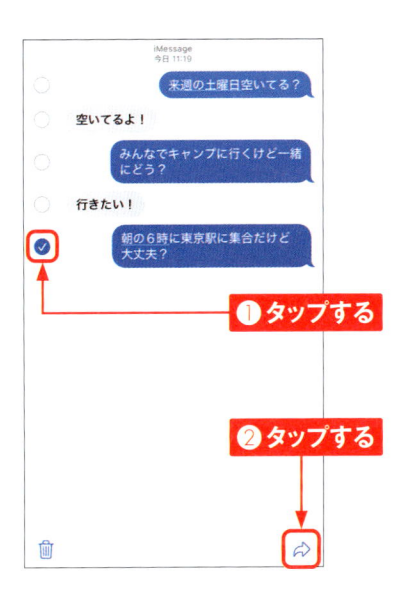

4 宛先に転送先の電話番号やメールアドレスを入力します。さらに追加したいメッセージがあれば、本文入力フィールドに入力することもできます。最後に ⬆ をタップすると、転送されます。

16　Plus　Pro　Pro Max

iMessageの
便利な機能を使う

Application

「メッセージ」アプリでは、音声や位置情報をスムーズに送信できる便利な機能が利用できます。なお、それらの機能を利用できるのは、iMessageが利用可能な相手のみとなります。

🔘 メッセージで利用できる機能

メッセージでは、iMessageに対応したアプリやメッセージ効果を利用して、メッセージを装飾することができます。

● 主な機能

📷 カメラ ❶	
🌸 写真 ❷	
🌙 ステッカー ❸	
〰️ オーディオ ❹	
🕐 あとで送信 ❺	
🔽 その他 ❻	

❶写真を撮影して送信できます（P.91参照）。

❷メッセージに写真や動画を添付できます（P.90参照）。

❸ステッカーを送信できます。

❹メッセージに音声を添付できます。

❸ステッカーを送信できます。

❹メッセージに音声を添付できます。

❺メッセージの送信予約をすることができます（P.89参照）。

❻iMessage対応アプリをダウンロード可能な「ストア」、位置情報を共有できる「位置情報」（P.87参照）、GIF画像の検索と送信が可能な「#画像」、タップやスケッチなど動きの送信が可能な「Digital Touch」、ミー文字の作成と送信が可能な「ミー文字」、「ミュージック」アプリ（Sec.30～31参照）で最近聴いた曲の共有が可能な「ミュージック」、目的地に無事に到着したことを家族や友人に知らせる「到着確認」を利用できます。

● メッセージに効果を加える

メッセージを入力し、⬆をタッチするとエフェクトが表示されます。「吹き出し」のエフェクトでは、吹き出しの動き方や見た目を変更できます。

● アニメエフェクトを加える

⬆をタッチして［スクリーン］をタップすると、より動きのあるエフェクトが表示されます。「紙ふぶき」や「花火」などがあります。

⏻ 位置情報をメッセージで送信する

1 「メッセージ」アプリでiMessageを利用中に、＋をタップします。

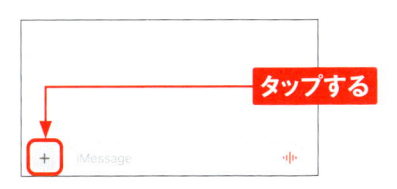

タップする

2 [その他]→[位置情報]の順にタップします。位置情報に関する項目が表示されたら[アプリの使用中は許可]をタップして、「メッセージ」アプリの使用を許可します（P.74 MEMO参照）。

A	ストア	
⊙	位置情報	← タップする
@	#画像	
●	Digital Touch	
●	ミー文字	
♪	ミュージック	

3 [共有]をタップし、任意の共有時間帯をタップします。

❷ タップする　　❶ タップする

4 ↑をタップすると、位置情報が送信されます。相手が送られた地図をタップすると、「現在地」画面が表示され、より詳細に周辺の地図を確認することができます。また、画面上部の相手の名前または電話番号をタップし、[位置情報をリクエスト]をタップすると、相手の位置情報を求めるメッセージを送信できます。

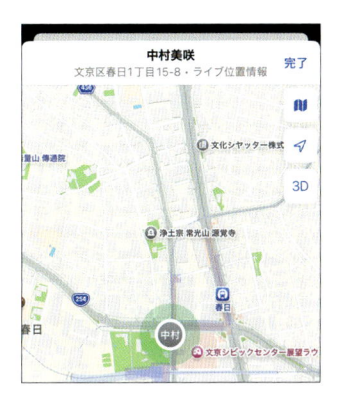

 **MEMO リアクションを送る**

相手のメッセージをタッチすると、上部にTapbackが現れます。リアクションのアイコンをタップして送信します。

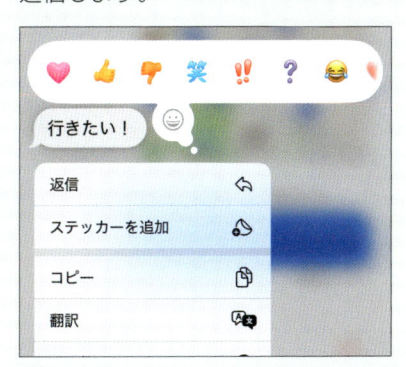

⏻ 送信済みメッセージを取り消す／編集する

● メッセージを取り消す

① 「メッセージ」アプリでiMessage のメッセージ画面を表示します。

② 送信を取り消したいメッセージをタッチして、［送信を取り消す］をタップすると、送信を取り消せます。

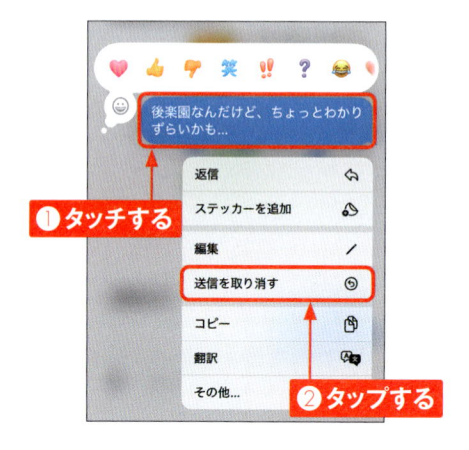

● メッセージを編集する

① 左側の手順②の画面で［編集］を タップします。

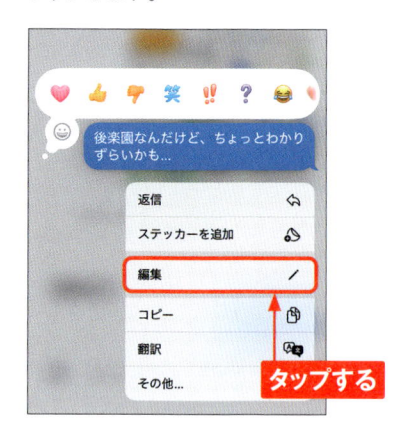

② 修正メッセージを入力し、✓をタップ します。

 メッセージの取り消しや編集の期限

メッセージの取り消しや編集は、取り消しは送信後2分以内、編集は送信後15分以内に行う必要があります。また、送信先のiPhoneがiOS 15.6以前の場合は、送信の取り消しや編集は反映されません。

🕐 メッセージを送信予約する

1 「メッセージ」アプリでiMessageを利用中に、＋をタップします。

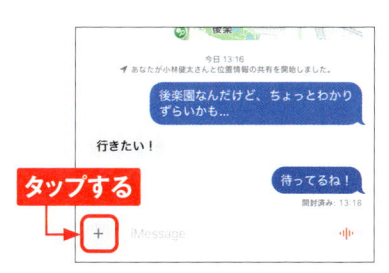

2 ［あとで送信］をタップします。

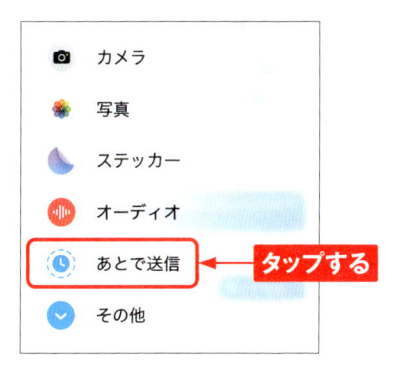

3 時間をタップして送信する日時を設定します。

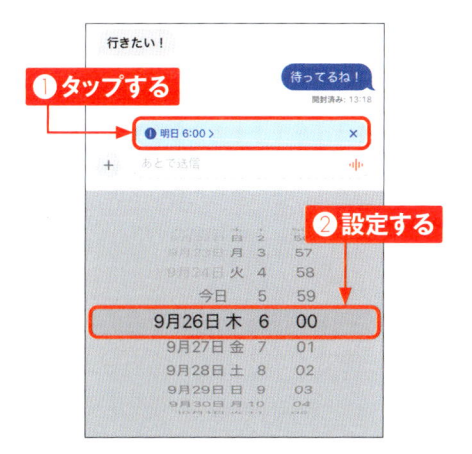

4 本文を入力し、↑をタップします。

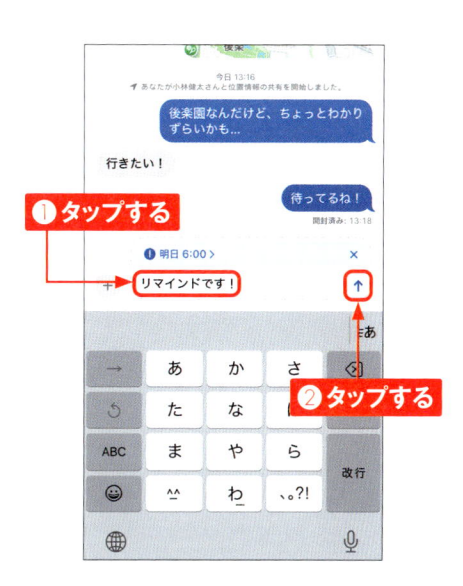

5 送信予約できます。送信予約されたメッセージは、吹き出しが点線で表示されます。

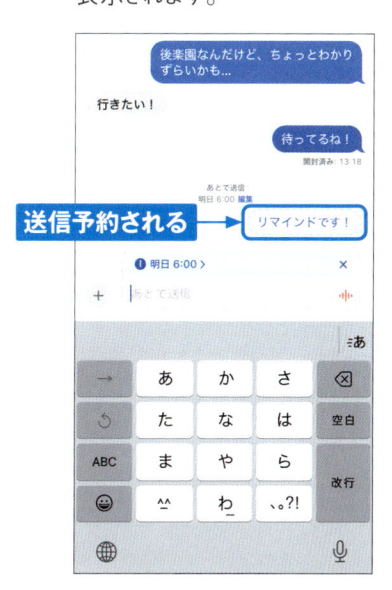

📱 写真や動画をメッセージに添付する

1 iMessageの作成画面でメッセージを入力し、＋をタップします。

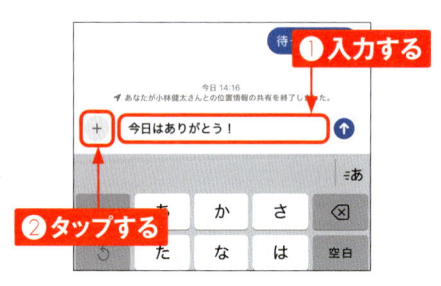

2 ［写真］をタップします。

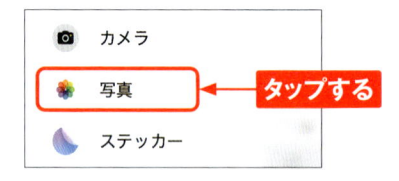

3 添付する写真や動画をスワイプして選択し、タップします。添付が完了すると、メッセージ欄にプレビューが表示されます。⬆をタップして、メッセージを送信します。

4 写真が添付されたメッセージが送信されました。

MEMO ほかのアプリで共有されたコンテンツを確認する

受信した写真やWebページのリンクは、ほかのアプリから確認することができます。WebページのリンクはSafariのスタートページの「あなたと共有」セクションを有効にしていれば、自動的に表示されます。表示されない場合は、ホーム画面で［設定］→［アプリ］→［メッセージ］→［あなたと共有］の順にタップし、「自動共有」が🔵になっているか確認しましょう。なお、反映されるまでには、時間がかかります。

⏻ 写真を撮影して送信する

1 iMessageの作成画面で + をタップします。

2 [カメラ] をタップします。

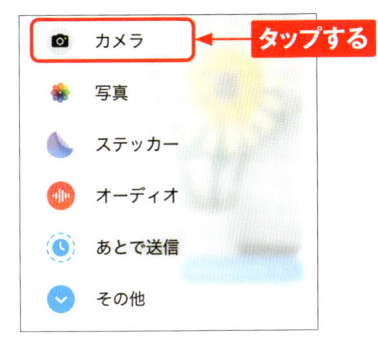

3 「カメラ」アプリが起動します。撮りたいものにフレームを合わせて、◻ をタップします。

4 [完了] をタップすると、メッセージを付けて送ることができます。なお、⬆をタップすると、画像のみ送信されます。

送信時にLive Photosをオフにする

手順③の画面で◎をタップすると、Live Photos（P.153参照）をオフにして写真を送信できます。

メールを利用する

iPhoneでは、Eメール（i）（@i.softbank.jp）やiCloudメールを「メール」アプリで使用することができます。初期設定では自動受信になっており、携帯メールと同じ感覚で利用できます。

🔘 「メール」アプリで受信できるメールと「メールボックス」画面

iPhoneの「メール」アプリでは、Eメール（i）メール以外にもiCloudやGmailなどさまざまなメールアカウントを登録して利用することができます。複数のメールアカウントを登録している場合、「メールボックス」画面（P.93手順④参照）には、下の画面のようにメールアカウントごとのメールボックスが表示されます。なお、メールアカウントが1つだけの場合は、「全受信」は「受信」と表示されます。

複数のメールアカウントを登録した状態でメールを新規作成すると、差出人には最初に登録したメールアカウント（デフォルトアカウント）のアドレスが設定されていますが、変更することができます（P.94手順③～④参照）。デフォルトアカウントは、P.104手順③の画面で、画面最下部の［デフォルトアカウント］をタップすることで、切り替えることができます。

❶ タップすると、すべてのアカウントの受信メールをまとめて表示することができます。

❷ タップすると、各アカウントの受信メールを表示することができます。

❸ タップすると、VIPリストに追加した連絡先からのメールを表示することができます（P.96～97参照）。

❹ 各アカウントのメールボックスです。アカウント名をタップして、メールボックスの表示／非表示を切り替えることができます。［受信］をタップすると、❷のアカウント名をタップしたときと同じ画面が表示されます。

📲 メールを受信する

1 新しいメールが届くと、通知やバッジが表示されます。ホーム画面で[メール]をタップします。

タップする

2 初回は「メールプライバシー保護」画面が表示されるので、["メール"でのアクティビティを保護]または["メール"でのアクティビティを保護しない]をタップし、[続ける]をタップします。

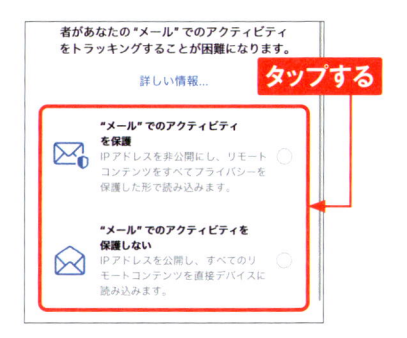

タップする

3 メールアカウントの「全受信」画面が表示された場合は、画面左上の〈をタップします。

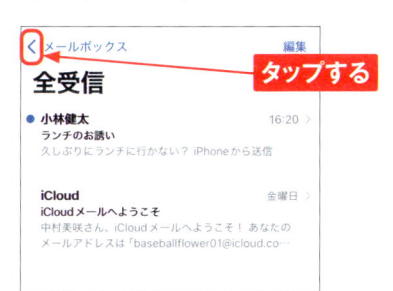

タップする

4 受信を確認したいメールアドレスを「メールボックス」の中からタップします。ここでは、[iCloud]をタップしています。

タップする

5 読みたいメールをタップします。メールの左側にある●は、そのメールが未読であることを表しています。

タップする

6 メールの本文が表示されます。画面左上の〈をタップし、次に表示される画面で、左上の〈をタップすると、「メールボックス」画面に戻ります。

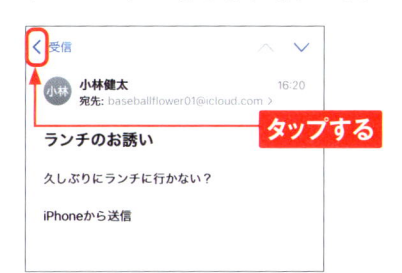

タップする

 メールを送信する

① 画面右下の ☑ をタップします。

② 「宛先」に、送信したい相手のメールアドレスを入力し、[Cc/Bcc、差出人] をタップします。

③ 複数のメールアカウントを登録している場合は、[差出人] をタップします。

④ 使用したいメールアドレスをタップして選択します。ここでは@icloud.comのメールアドレスを選択しています。

⑤ [件名] をタップし、件名を入力します。入力が終わったら、本文の入力フィールドをタップします。

⑥ 本文を入力し、画面右上の ⬆ をタップします。これで、送信が完了します。

⑦ 「メールボックス」画面に戻ります。誤送信した場合、送信直後に画面下部の [送信を取り消す] をタップすると、送信の取り消しができます。

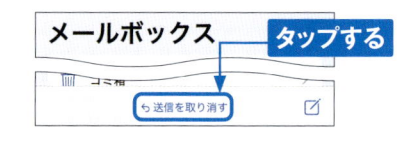

MEMO 送信を予約する

手順⑥の画面で ⬆ をタッチし、[今夜21:00に送信][明日8:00に送信] などをタップすると、送信の予約ができます。

⏻ メールを返信する

① メールを返信したいときは、P.93手順⑥で、画面下部にある🔙をタップします。

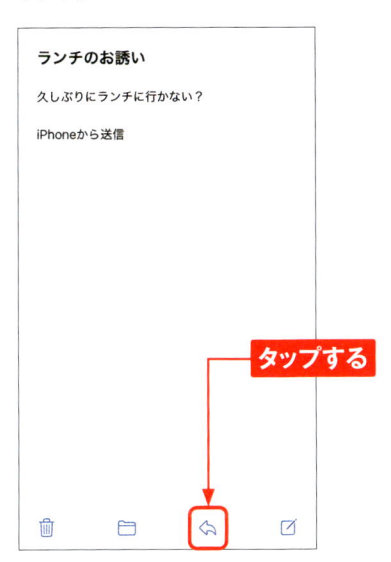

タップする

② ［返信］をタップします。

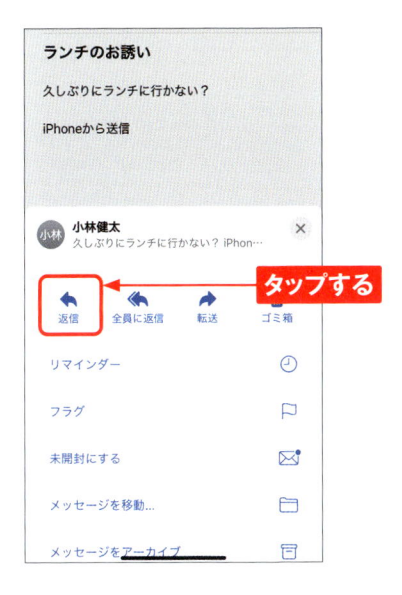

タップする

③ 本文入力フィールドをタップし、メッセージを入力します。本文の入力が終了したら、⬆をタップします。相手に返信のメールが届きます。

① 入力する

② タップする

MEMO メールを転送する

手順②で［転送］をタップして宛先を入力し、⬆をタップすると、メールを転送できます。

① 入力する

Fwd: ランチのお誘い

② タップする

16　Plus　Pro　Pro Max

Application

メールを活用する

「メール」アプリでは、特定の連絡先をVIPリストに追加しておくと、その連絡先からのメールをVIPリスト用のメールボックスに保存できます。また、メール作成中に写真や動画を添付できます。

VIPリストに連絡先を追加する

① ホーム画面で［メール］をタップし、「メールボックス」画面で、［VIP］をタップします。

② ［VIPを追加］をタップします。2回目以降は、P.97手順③の［VIP］の右の ⓘ をタップして、［VIPを追加］をタップします。

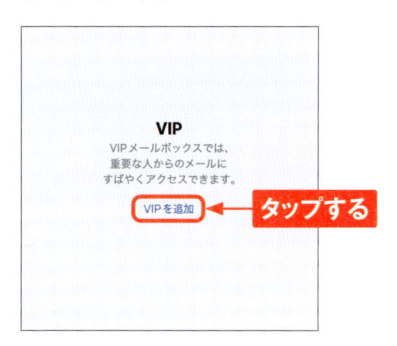

③ VIPリストに追加したい連絡先をタップします。

④ タップした連絡先がVIPリストに追加されました。［完了］をタップします。

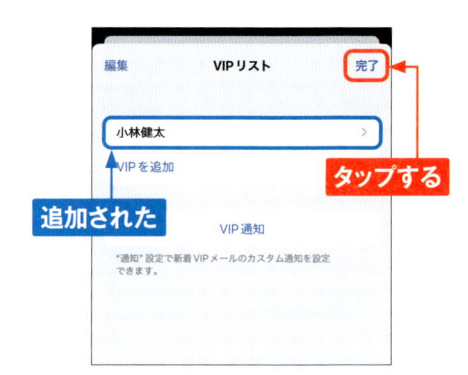

🕐 VIPリストの連絡先からメールを受信する

1 VIPリストの連絡先からメールを受け取ると、通知が表示されます。

2 P.93を参考にメールを表示すると、差出人名に⭐が表示されています。

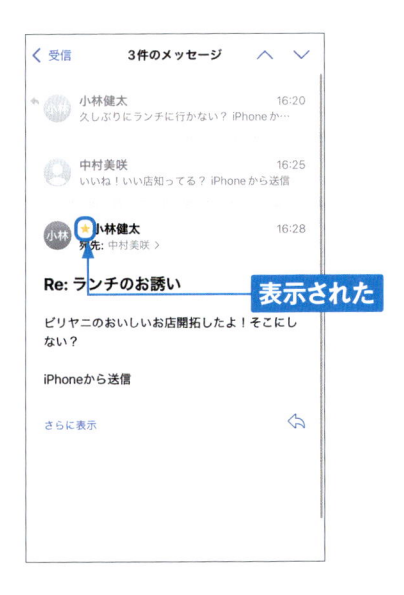

3 受け取ったメールは、「メールボックス」画面の［VIP］をタップすることでかんたんに閲覧できます。

VIPリストから連絡先を削除する

手順③の［VIP］の右の🛈をタップし、［編集］をタップします。VIPリストから削除したい連絡先の➖→［削除］の順にタップすると、VIPリストから連絡先を削除できます。

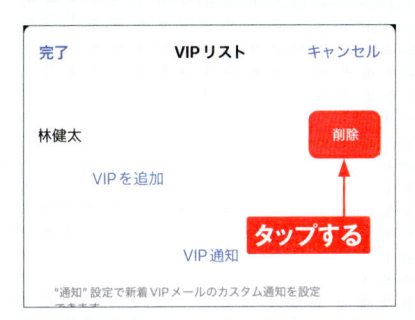

⏻ 写真や動画をメールに添付する

① ホーム画面で［メール］をタップします。

② 画面右下の✑をタップします。

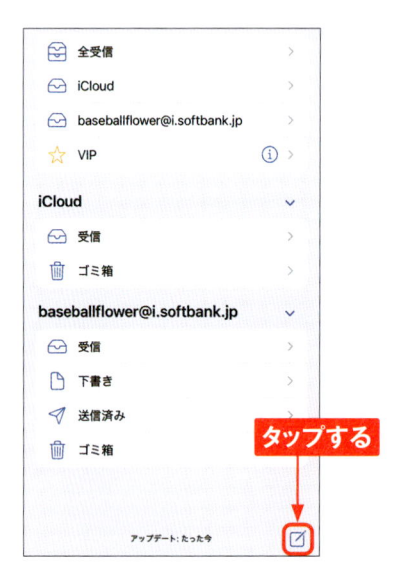

③ 宛先や件名、メールの本文内容を入力したら、本文入力フィールドをタップして選択し、🖼をタップします。

④ 一覧表示されている写真の部分を上方向にスワイプします。

⑤ 添付したい写真をタップし、[完了]
をタップします。

⑥ 写真が添付できました。⬆をタップ
します。

⑦ 写真を添付する際、サイズを変更す
るメニューが表示されたら、サイズを
タップして選択すると、メールが送信
されます。

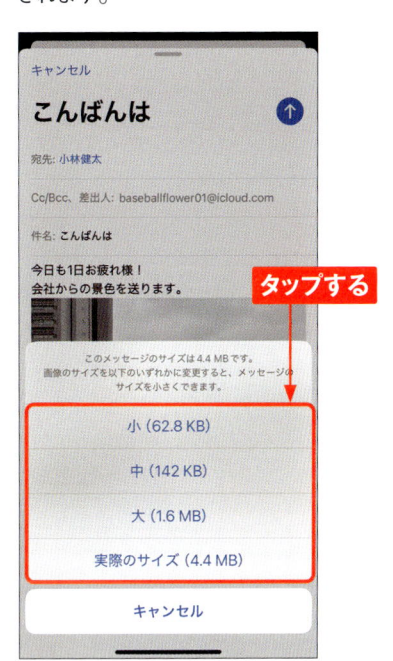

4

MEMO **動画を添付する際の注意**

手順⑤で動画を選択した場合、ファ
イルサイズを小さくするために圧
縮処理が行われます。ただし、い
くら圧縮できるといっても、もと
の動画のサイズが大きければ、圧
縮後のファイルサイズも大きくな
ります。また、メールサービスの
種類によって添付できるファイル
サイズに上限があるので、大容量
の動画を添付する場合は注意しま
しょう。

迷惑メール対策を行う

Application

MMSやEメール (i) へのアドレスに、迷惑メールがたくさん届くときは、「My SoftBank」から迷惑メールの設定を変更します。「My SoftBank」にログインする手順は、P.63を参考にしてください。

迷惑メール対策を設定する

① Wi-Fiを未接続にした状態で、ホーム画面で🧭をタップします。

③ ［My SoftBank］をタップします。

タップする

② 📖をタップします。

タップする

④ P.63を参考にして「My SoftBank」にログインし、［メール設定］をタップします。

タップする

⑤ 「迷惑メール対策」の［変更］をタップします。

⑥ 迷惑メールフィルターの強度を変更できます。ここでは［強］をタップし、上方向にスワイプします。

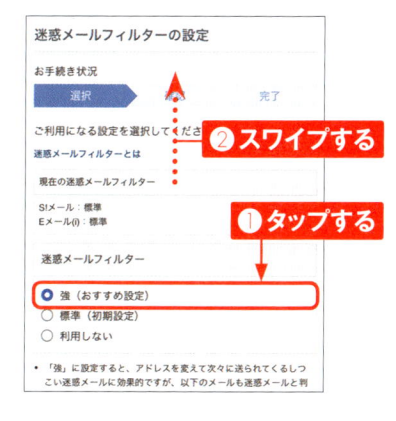

⑦ ［次へ］をタップします。

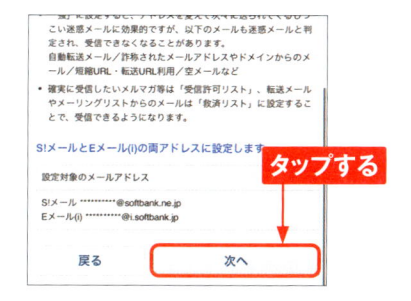

⑧ 迷惑メールフィルターの強度変更の確認画面が表示されます。問題がなければ、［変更する］をタップします。

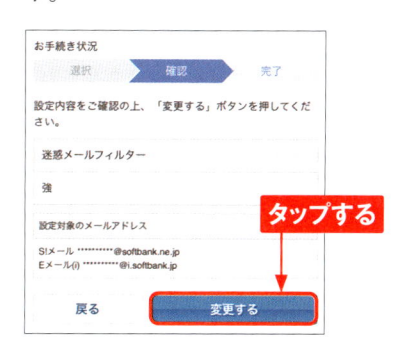

⑨ 迷惑メールフィルターの強度が変更されました。［迷惑メール対策の設定トップへ］をタップすると、手順⑤の画面に戻ります。

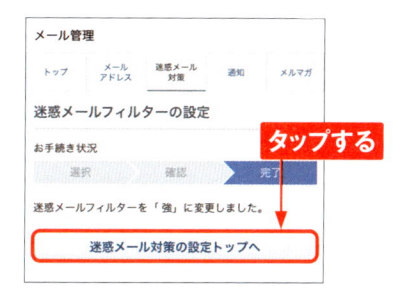

 **MEMO** 2種類の
フィルター設定

「標準」では、データベースをもとに、メールの内容を機械的に判断し、スパムと判断されたメールが拒否されます。一方で「強」に設定すると、アドレスを変えて次々に送られてくるメールやなりすましメールなども拒否されます。なお、初期設定では、「標準」となっています。

特定のメールアドレスを必ず受信する

① P.101手順⑤の画面を表示し、[迷惑メール対策]をタップします。

② 「迷惑メール対策の設定」画面が表示されたら、画面を上方向にスワイプして「許可するメールの登録」の[登録する]をタップします。

③ 「受信許可するメールアドレス」の入力欄をタップします。

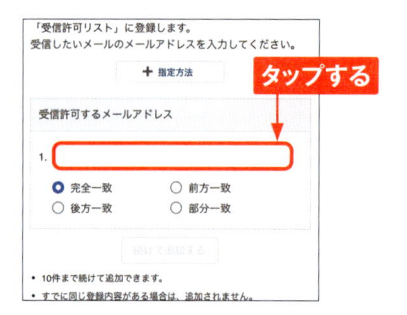

④ 受信許可するメールアドレスを入力し、入力したアドレスとの一致の種類をタップして、[次へ]をタップします。

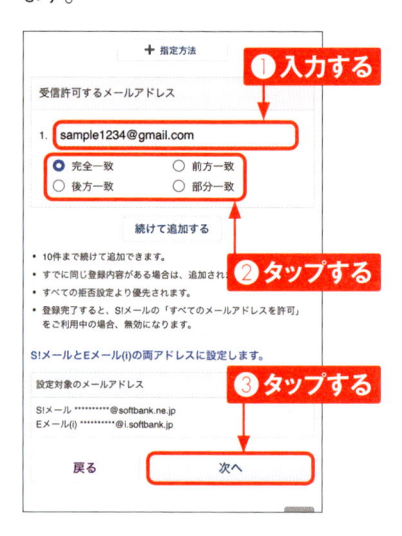

⑤ 受信許可するメールアドレスが問題ないか確認し、[登録する]をタップすると、受信許可するメールの登録が完了します。

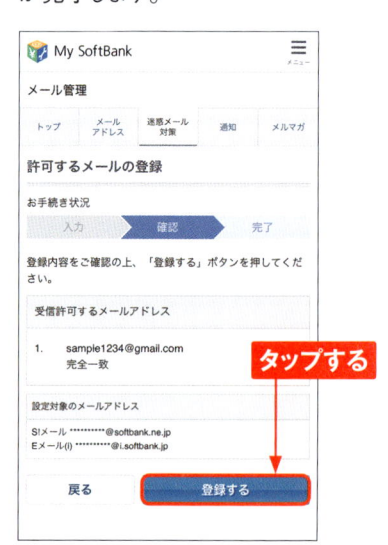

特定のメールアドレスを受信拒否する

1 P.102手順②の画面で、「拒否するメールの登録」の［登録する］をタップします。

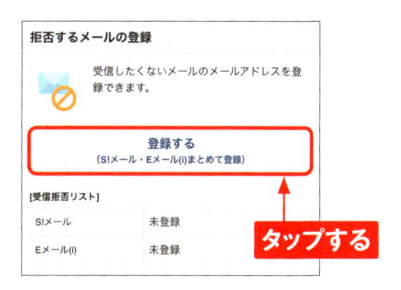

2 「受信拒否するメールアドレス」の入力欄をタップします。

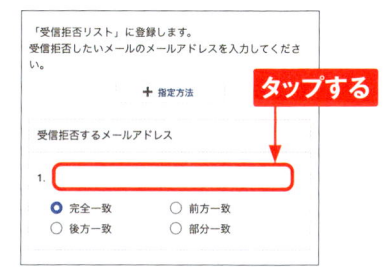

3 受信拒否するメールアドレスを入力し、入力したアドレスとの一致の種類をタップして、［次へ］をタップします。

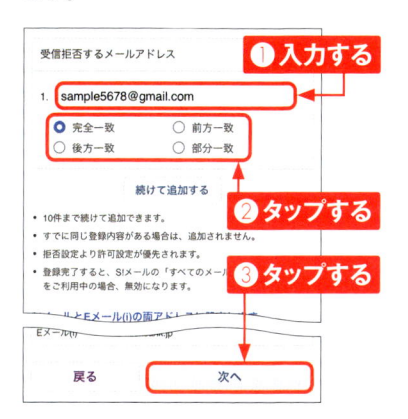

4 受信拒否するメールアドレスが問題ないか確認し、［登録する］をタップします。

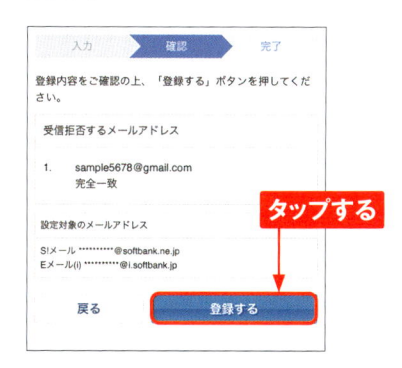

5 受信拒否するメールの登録が完了します。［迷惑メール対策の設定トップへ］をタップすると、「メール管理」画面が表示されます。

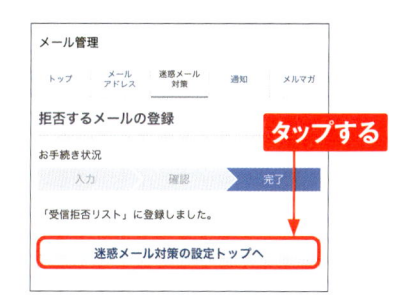

 **そのほかの迷惑メール対策**

迷惑メール対策は、ほかにも「なりすましメールの拒否」「ケータイ／ PHSからのみ許可」「URLリンク付きメールの拒否」などがあります。手順①の画面の下部にある［詳細設定をみる］をタップして変更します。

PCメールを利用する

Application

パソコンで使用しているメールのアカウントを登録しておけば、「メール」アプリを使ってかんたんにメールの送受信ができます。ここでは、一般的な会社のアカウントを例にして、設定方法を解説します。

⚙ PCメールのアカウントを登録する

1 ホーム画面で[設定]をタップします。

2 [アプリ] → [メール] の順にタップします。

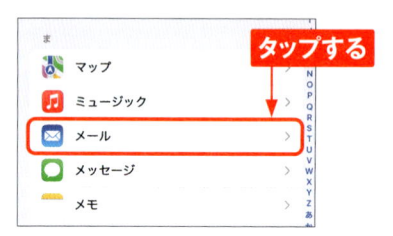

3 [メールアカウント] をタップします。

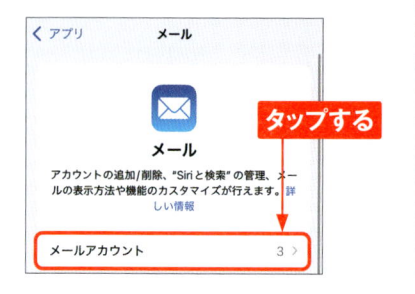

4 [アカウントを追加] をタップします。

5 [その他] をタップします。サービス名が表示されている場合は、タップして画面に従って操作します。

6 [メールアカウントを追加] をタップします。

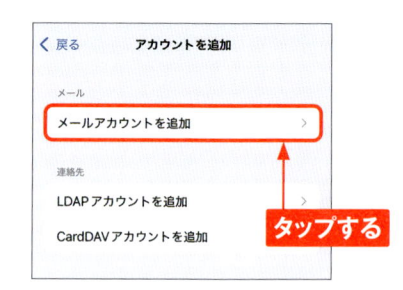

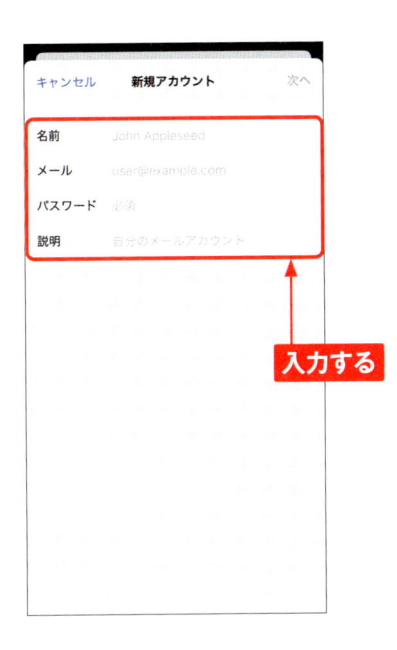

⑦ 「メール」や「パスワード」など必要な項目を入力します。

入力する

⑨ 使用しているサーバに合わせて [IMAP] か [POP] をタップし（ここでは [POP]）、「受信メールサーバ」と「送信メールサーバ」の情報を入力します。

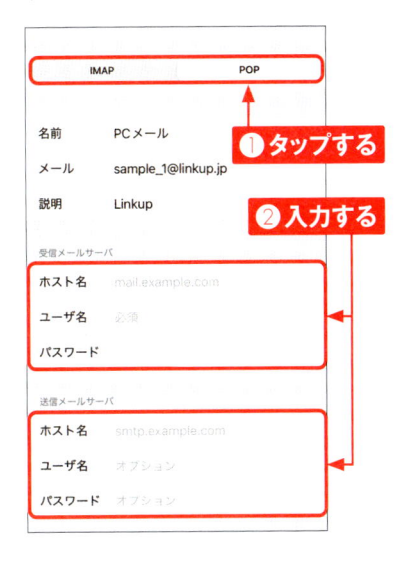

❶ タップする

❷ 入力する

⑧ 入力が完了すると、[次へ]がタップできるようになるので、タップします。

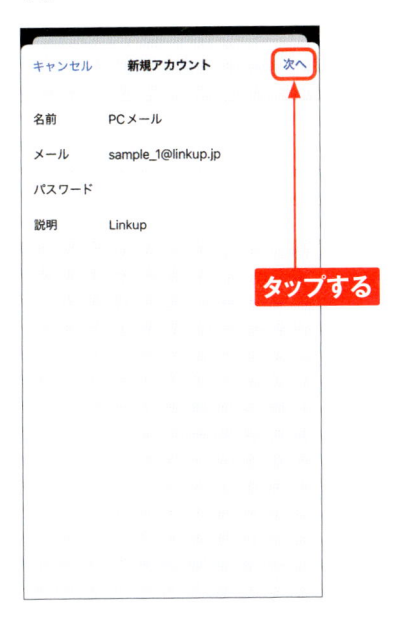

タップする

⑩ 入力が完了したら、[保存]をタップします。

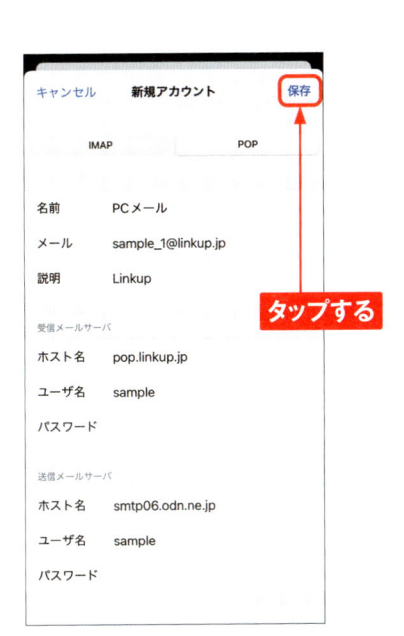

タップする

4

⏻ メールの設定を変更する

① ホーム画面で[設定]をタップします。

② [アプリ] → [メール] の順にタップ
します。

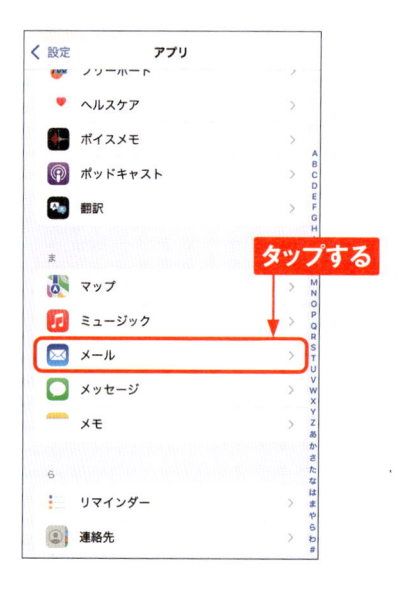

③ メールの設定画面が表示されます。
各項目の ⬤ をタップするなどして、
設定を変更します。

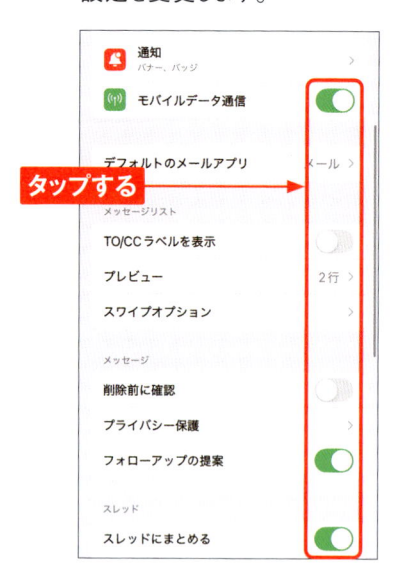

MEMO メールの設定項目

メールの設定画面では、プレビュー
で確認できる行数を変更したり、
メールを削除する際にメッセージ
を表示したりできるほか、署名の
内容なども書き換えられます。よ
り「メール」アプリが使いやすく
なるよう設定してみましょう。

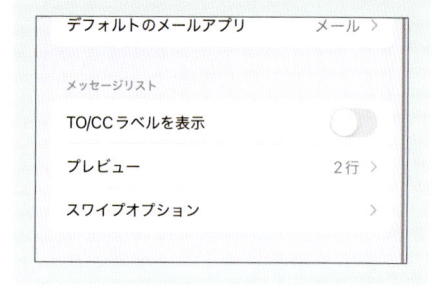

Chapter 5

インターネットを楽しむ

Webページを閲覧する

iPhoneには「Safari」というWebブラウザが標準アプリとしてインストールされており、パソコンなどと同様にWebブラウジングが楽しめます。

SafariでWebページを閲覧する

1 ホーム画面で🧭をタップします。

タップする

2 初回はスタートページが表示されます。ここでは［Yahoo］をタップします。

タップする

3 Webページ（ここでは「Yahoo」）が表示されました。

MEMO スタートページとは

スタートページには、ブックマークの「お気に入り」に登録されたWebページが一覧表示されます（P.119参照）。また新規タブ（P.114 MEMO参照）を開いたときにも、スタートページが表示されます。

⏻ ツールバーを表示する

① Webページを開くと、画面下部にタブバーとツールバーが表示されます。

② Webページを閲覧中、上方向にスワイプしていると、タブバーやツールバーが消える場合があります。

③ 画面を下方向へスワイプするか、画面の上端か下端をタップすると、タブバーやツールバーを表示できます。

MEMO ピンチで表示を拡大／縮小する

Safariの画面をピンチオープンすると拡大で表示され、ピンチクローズすると縮小で表示されます。なお、一部の画面ではピンチを利用できません。

⚙ URLやキーワードからWebページを表示する

● URLから表示する

① タブバーを表示し、検索フィールドをタップします。❸をタップして検索フィールドにある文字を削除し、閲覧したいWebページのURLを入力して、[go] をタップします。

② 入力したURLのWebページが表示されます。

● キーワードから表示する

① タブバーを表示し、検索フィールドをタップします。❸をタップして検索フィールドにある文字を削除し、検索したいキーワードを入力して、[go]（または [開く]）をタップします。

② 入力したキーワードの検索結果が表示されます。閲覧したいWebページのリンクをタップすると、そのWebページが表示されます。

 MEMO ## QRコードの読み取り

「カメラ」アプリでは、QRコードの読み取りができます。カメラにQRコードをかざすだけで自動認識され、Webサイトの表示などが行えます。QRコードが読み取れない場合は、ホーム画面で [設定] → [カメラ] の順にタップし、「QRコードをスキャン」が ⬤ になっていることを確認しましょう。

⏻ ページを移動する

① Webページの閲覧中に、リンク先のページに移動したい場合は、ページ内のリンクをタップします。

② タップしたリンク先のページに移動します。画面を上方向にスワイプすると、隠れている部分が表示されます。

③ ツールバーの〈をタップすると、タップした回数だけページが戻ります。〉をタップすると、戻る直前のページに進みます。

④ 画面左端から右方向にスワイプすると、前のページに戻ることができます（一部のWebサイトでは、画面右端から左方向にスワイプすると、戻る直前のページに進みます）。

MEMO リンク先のページをプレビューする

Webページを閲覧中、リンクをタッチすると、プレビューが表示され、リンク先のページの一部が確認できます。プレビューの外側をタップすると、もとの画面に戻ります。

閲覧履歴からWebページを閲覧する

1 ツールバーの⌘をタップします。

2 「ブックマーク」画面が表示されるので、🕐をタップします。

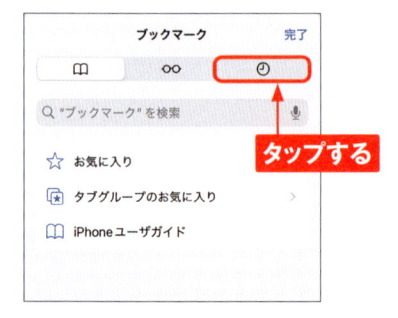

3 今まで閲覧したWebページの一覧が表示されます。閲覧したいWebページをタップします。

4 タップしたWebページが表示されます。

MEMO 閲覧履歴を消去する

「ブックマーク」画面で🕐をタップして、画面下部の［消去］→［すべての履歴］→［履歴を消去］→［完了］の順にタップすると、すべての閲覧履歴を消去できます。

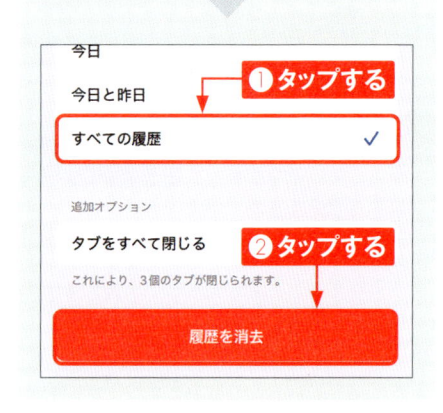

⚙ そのほかの機能を利用する

● 画面の拡大／縮小

タブバーを表示し、🖥をタップします。ぁをタップすると画面が拡大され、ぁをタップすると画面が縮小されます。

● 気をそらす項目を非表示にする

タブバーを表示し、🖥→…→［気をそらす項目を非表示］の順にタップし、画面内の邪魔な項目をタップして、［非表示］をタップすると、その項目が非表示になります。

● PC用Webサイトの表示

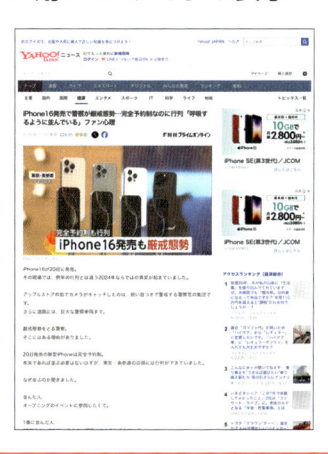

タブバーを表示し、🖥→…→［デスクトップ用Webサイトを表示］の順にタップすると、パソコンのWebブラウザ用の画面が表示されるようになります。

● 被写体をコピー

Webサイト内の、リンクが設定されていない写真をタッチします。表示されたメニューで、［被写体をコピー］をタップし、写真内の被写体が認識されると、切り抜かれてコピーされ、ほかのアプリに貼り付けることができます。

複数のWebページを
同時に開く

Application

Safariは、タブを使って複数のWebページを同時に開くことができます。よく見る
Webページを開いておき、タブを切り替えていつでも見ることができます。

新規タブでWebページを開く

① 開きたいWebページのリンクをタッチ
します。

タッチする

② メニューが表示されるので、[新規タ
ブで開く] をタップします。

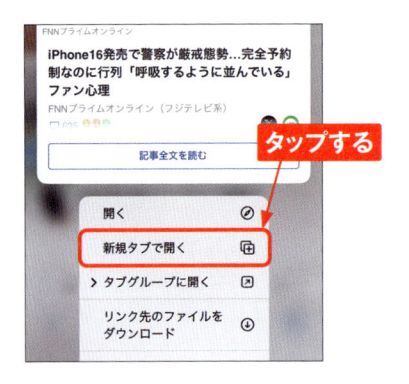

タップする

③ 新規タブが開き、タッチしたリンク先
のWebページが表示されます。

MEMO 新規タブを表示する

P.115手順②で＋をタップすると、
新規タブが表示されます。P.110
を参照して、Webページを表示し
ましょう。

タップする

複数のタブを切り替える

1 タブの切り替えはツールバーの ⬚ を
タップします。

タップする

2 閲覧したいタブをタップします。なお、
× をタップするとタブを閉じることが
できます。

タップする　　タップして閉じる

3 目的のWebページが表示されます。
なお、タブバーを左右にスワイプす
ることでも、タブを切り替えることが
できます。

スワイプする

MEMO
タブをまとめて一気に閉じる

開いているタブをまとめて一気に
閉じる場合は、手順①の画面で ⬚
をタッチし、[○個のタブをすべて
閉じる] → [○個のタブをすべて
閉じる] の順にタップします。

タップする

5

📱 タブグループを作成する

① P.115手順②で任意のタブをタッチします。

タッチする

② ［タブを移動］→［新規タブグループ］の順にタップします。

❶タップする

❷タップする

③ タブのグループ名を入力し、［完了］をタップします。

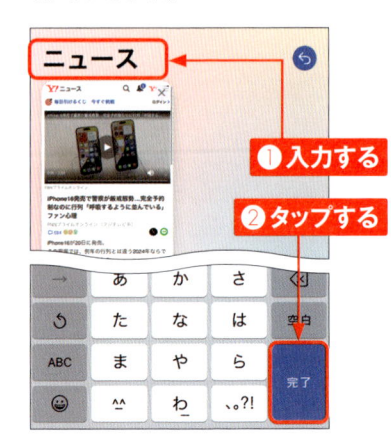

❶入力する

❷タップする

④ タブグループが作成されます。［完了］をタップします。

タップする

MEMO タブグループにタブを追加する

作成したタブグループに別のタブを追加したいときは、手順②の画面で任意のタブグループ名をタップします。

⏻ タブグループを切り替える

1 P.115手順②で≡をタップします。

タップする

2 タブグループ名をタップすると、別の
タブグループに切り替えることができ
ます。[スタートページ] や [○個
のタブ] をタップします。

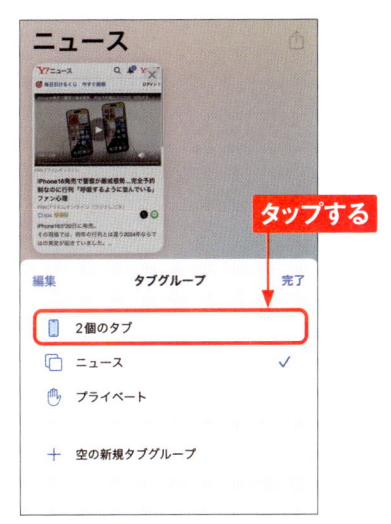

タップする

3 画面に表示されているタブ、または
画面右下の [完了] をタップします。
なお、手順①の画面下部に表示さ
れているタブグループ名や [○個の
タブ] をタップすることでも、同じ画
面を表示できます。

タップする

4 タブグループを終了して、スタート
ページ、もしくは選択したタブに切り
替わります。

5

MEMO タブグループを
削除する

作成したタブグループを削除する
には、手順②の画面を表示して、[編
集] をタップします。削除したい
タブグループの⊖をタップし、[削
除] → [削除] → [完了] の順にタッ
プします。

ブックマークを利用する

Application

Safariでは、WebページのURLを「ブックマーク」に保存し、好きなときにすぐに表示することができます。ブックマーク機能を活用して、インターネットを楽しみましょう。

⏻ ブックマークを追加する

① ブックマークに追加したいWebページを表示した状態で、ツールバーにある📖をタッチします。

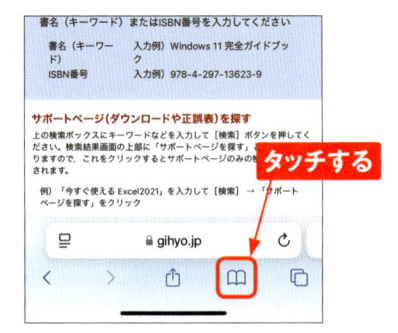

② メニューが表示されるので、[ブックマークを追加]をタップします。

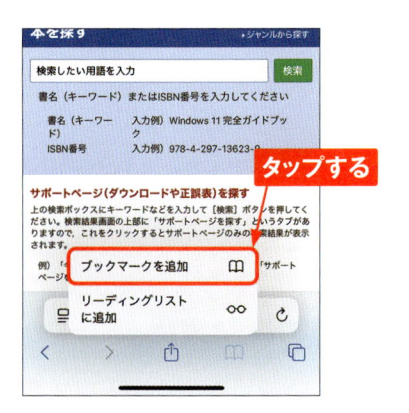

③ ブックマークのタイトルを入力します。わかりやすい名前を付けましょう。

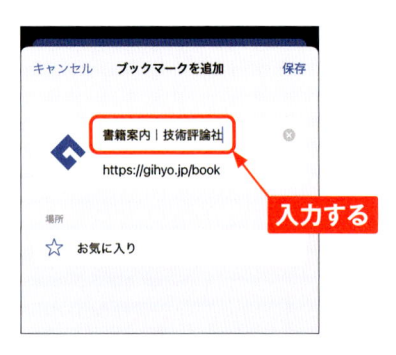

④ 入力が終了したら、[保存]をタップします。ほかにフォルダがない状態では「お気に入り」フォルダが保存先に指定されていますが、フォルダをタップして変更することができます。

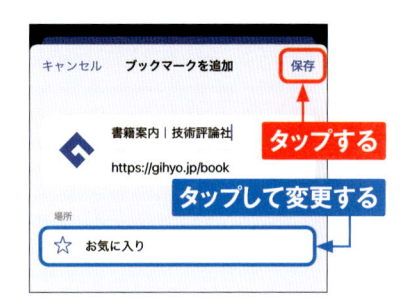

⏻ ブックマークに追加したWebページを表示する

① ツールバーの📖をタップします。

② 📖をタップして、「ブックマーク」画面を表示します。[お気に入り]をタップします。

③ 閲覧したいブックマークをタップします。ブックマーク一覧が表示されない場合は、左上の<をタップします。

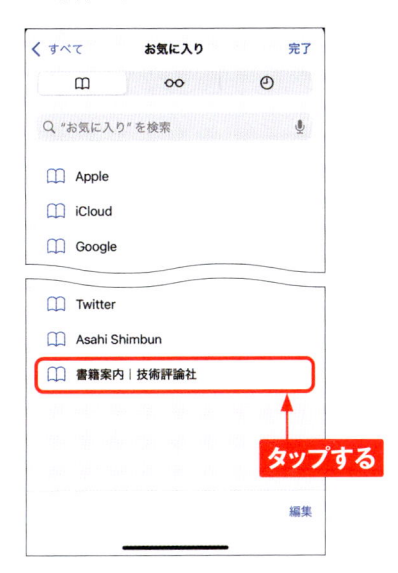

④ タップしたブックマークのWebページが表示されました。

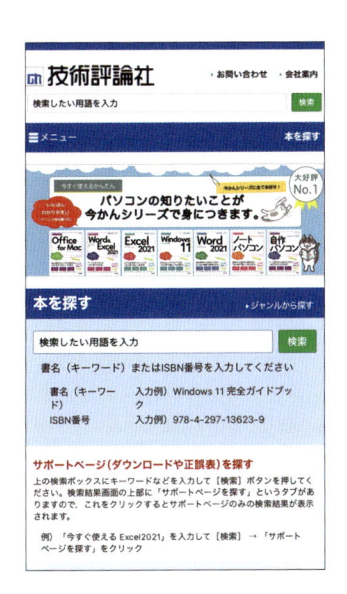

5

🔘 ブックマークを削除する

① ツールバーの📖をタップします。

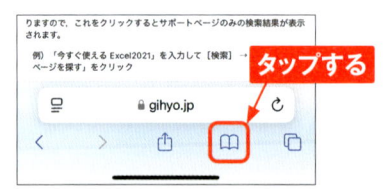

② 「ブックマーク」画面が表示されます。削除したいブックマークのあるフォルダを開き、［編集］をタップします。

③ 削除したいブックマークの⊖をタップします。

④ ［削除］をタップすると、削除されます。

⑤ ［完了］→［完了］の順にタップすると、もとの画面に戻ります。

5

ⓤ ブックマークにフォルダを作成する

1 フォルダを作成して、ブックマークを整理できます。P.120手順③で画面左下の［新規フォルダ］をタップします。

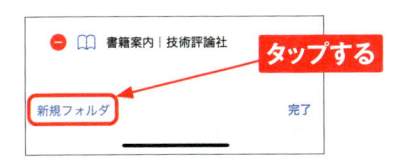

2 フォルダの名前を入力して、［完了］をタップすると、フォルダが作成されます。

3 フォルダにブックマークを移動するときは、P.120手順③でフォルダに追加したいブックマークをタップします。

4 「場所」に表示されている現在のフォルダ（ここでは［お気に入り］）をタップします。

5 移動先のフォルダをタップし、チェックを付けます。ここでは例として［技術評論社］をタップして選択します。

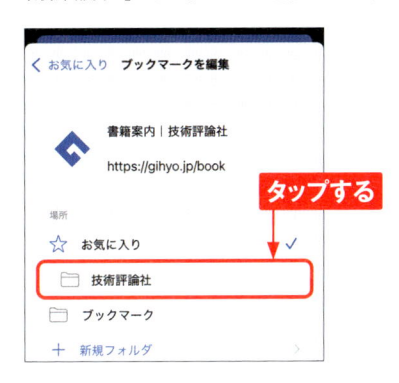

6 画面上部の‹をタップして「お気に入り」画面に戻り、画面下部にある［完了］→［完了］の順にタップします。

16　Plus　Pro　Pro Max

プロファイルを作成する

Application

Safariでは、「仕事」や「趣味」などのテーマごとにプロファイルを作成し、用途に応じて切り替えることができます。プロファイルの設定により、お気に入りや閲覧履歴、タブグループの分類が可能となります。

プロファイルを作成する

① ホーム画面で[設定]をタップします。

② [アプリ] → [Safari] の順にタップします。

③ [新規プロファイル] をタップします。

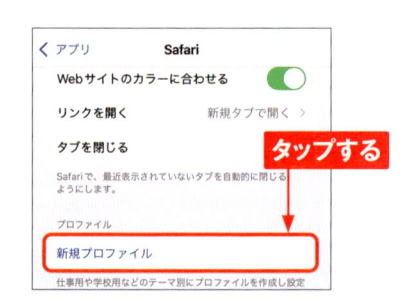

④ 「名前とアイコン」「設定」をそれぞれ設定し、[完了] をタップします。

⏻ プロファイルを切り替える

① Safariを起動した状態で、ツールバーの⎘をタップします。

② ☰をタップします。

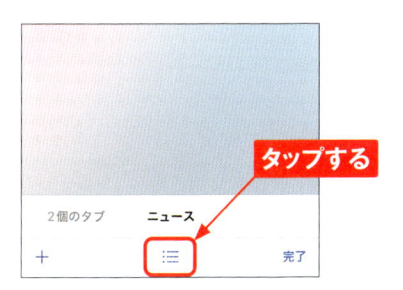

③ ［プロファイル］をタップし、切り替えたいプロファイルをタップします。なお、「個人用」はプロファイルを作成すると自動で追加されます。

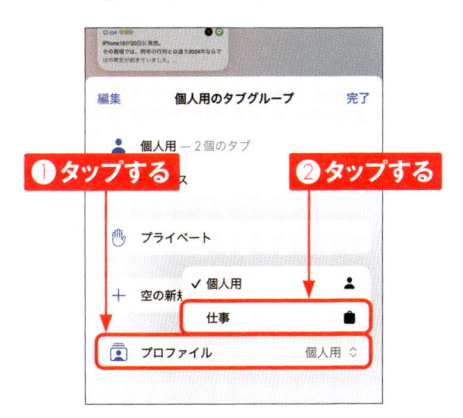

④ 初回はスタートページが表示されます。画面に表示されているタブ、または画面右下の［完了］をタップします。

⑤ プロファイルが切り替わります。

16	Plus	Pro	Pro Max

プライベート
ブラウズモードを利用する

Application

Safariでは、Webページの閲覧履歴や検索履歴、入力情報が保存されない「プライベートブラウズモード」が利用できます。プライバシーを重視したい内容を扱う場合などに利用するとよいでしょう。

プライベートブラウズモードを利用する

1 Safariを起動した状態で、ツールバーの⬚をタップします。

2 画面下部の≡をタップします。

3 ［プライベート］をタップします。

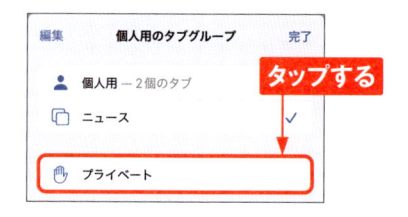

4 ［完了］をタップします。

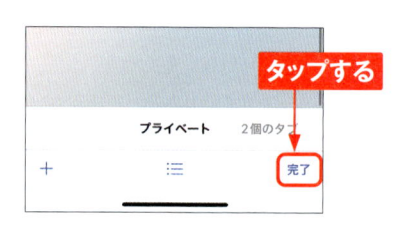

5 プライベートブラウズモードに切り替わります。

MEMO **プライベートブラウズ
モードを終了する**

プライベートブラウズモードを終了するには、手順④の画面で≡→タブグループ名→［完了］の順にタップ、または画面下部のタブグループ名をタップします。

Chapter 6

音楽や写真・動画を楽しむ

| 16 | Plus | Pro | Pro Max |

Application

音楽を購入する

iPhoneでは、「iTunes Store」アプリを使用して、直接音楽を購入することができます。購入前の試聴も可能なので、気軽に利用することができます。

6

⏻ ランキングから曲を探す

① ホーム画面で[iTunes Store]をタップします。初回起動時は、画面の指示に従って操作します。

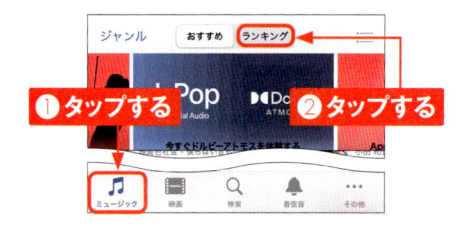

タップする

② iTunes Storeの音楽ランキングを見たいときは、画面左下の［ミュージック］をタップし、［ランキング］をタップします。

❶タップする　❷タップする

③ 「ソング」や「アルバム」、「ミュージックビデオ」のランキングが表示されます。特定のジャンルのランキングを見たいときは、[ジャンル]をタップします。

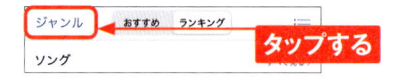

タップする

④ ジャンルの一覧が表示されます。閲覧したいランキングのジャンルをタップします。ここでは、［エレクトロニック］をタップします。

タップする

⑤ 選択したジャンルのソング全体のランキングが表示されます。

🔘 アーティスト名や曲名で検索する

1 画面下部の［検索］をタップします。

2 検索フィールドにアーティスト名や曲名を入力し、［検索］または［search］をタップします。

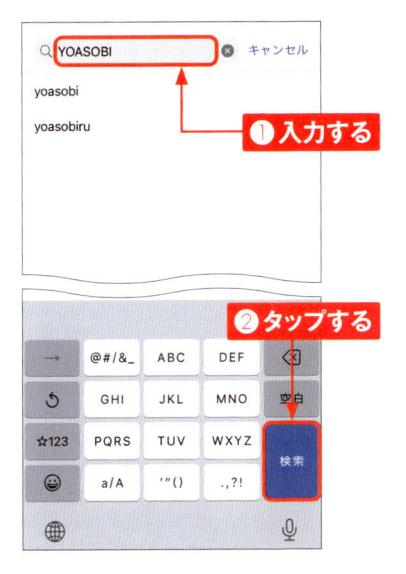

3 検索結果が表示されます。ここでは［アルバム］をタップします。

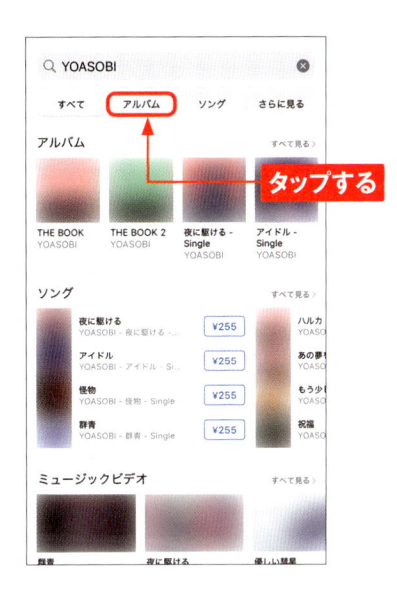

4 検索したキーワードに該当するアルバムが表示されます。任意のアルバムをタップすると、選択したアルバムの詳細が確認できます。

⏻ 曲を購入する

① P.127手順④の次の画面では、曲の詳細やレビュー、関連した曲を見ることができます。

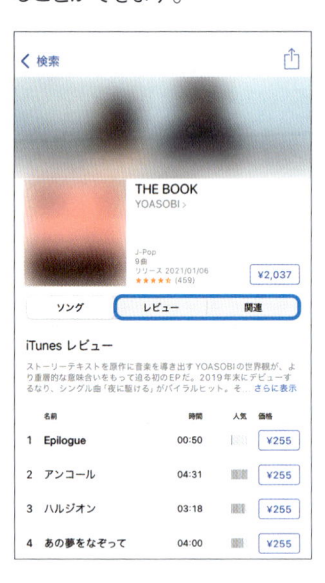

② 曲のタイトルをタップすると、曲が一定時間再生され、試聴できます。

③ 購入したい曲の価格をタップします。アルバムを購入する場合は、アルバム名の右下にある価格をタップします。

④ [購入] をタップします。

⑤ 「Apple Accountにサインイン」画面が表示されたら、Apple Account（Sec.15参照）のパスワードを入力し、[サインイン]をタップします。なお、パスワードの要求頻度の確認画面が表示された場合は、[常に要求]または[15分後に要求]をタップします。

⑥ 曲の購入を確認する画面が表示された場合は、[購入する]をタップします。購入した曲のダウンロードが始まります。

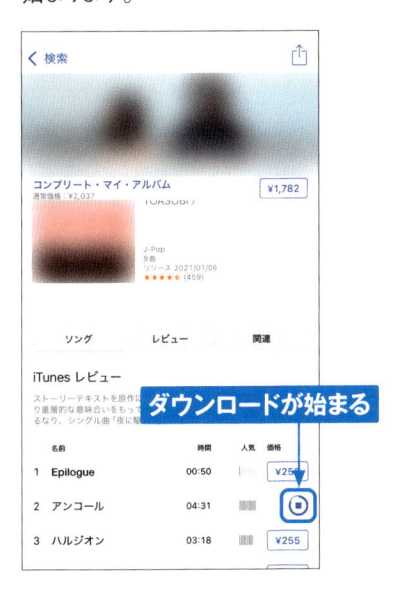

⑦ [再生]をタップすると、購入した曲をすぐに聴くことができます。

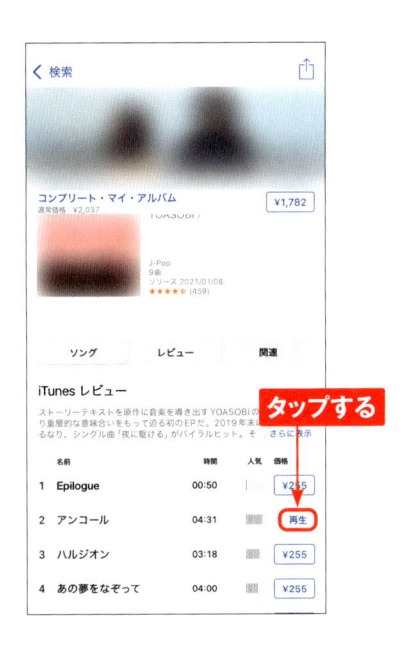

MEMO 支払い情報が未登録の場合

「iTunes Store」アプリで利用するApple Accountに支払い情報を登録していないと、手順⑤のあとに「お支払い情報が必要です。」と表示されます。その場合、[続ける]をタップし、画面の指示に従って支払い情報を登録しましょう。登録を終えると、曲の購入が可能になります。

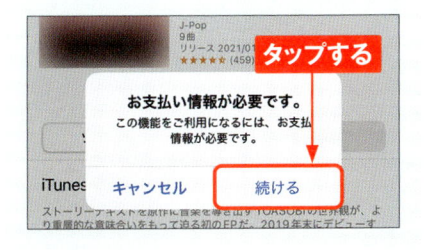

| 16 | Plus | Pro | Pro Max |

音楽を聴く

iTunes Storeで購入した曲を「ミュージック」アプリを使って再生しましょう。ほかのアプリの使用中にも音楽を楽しめるうえ、ロック画面やDynamic Islandでの再生操作も可能です。

6

「再生中」画面の見方

タップすると、再生中の曲が画面下部のミニプレーヤーに表示され、P.131手順④の画面に戻ります。再び「再生中」画面を表示させるには、ミニプレーヤーをタップします。

曲やアルバムのアートワークが表示されます。

曲名とアーティスト名が表示されます。

左右にドラッグすると再生位置を調節できます。

各ボタンをタップすると曲の操作が行えます。

タップするとAirPlay（P.23参照）や、Bluetooth（Sec.77参照）対応の機器で音楽を再生します。

タップすると、「ライブラリに追加」「プレイリストに追加」などのメニューが表示されます。

左右にドラッグすると音量を調節できます。

次に再生される曲の一覧が表示されます。

音楽を再生する

1 ホーム画面で🎵をタップします。Apple Musicの案内が表示されたら、×もしくは［続ける］→［今はしない］の順にタップします。

2 ［ライブラリ］をタップし、任意の項目（ここでは［アルバム］）をタップします。

3 任意のアルバムをタップします。

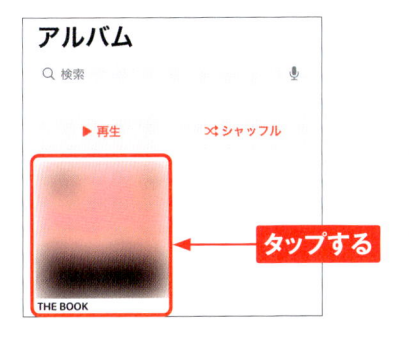

4 曲の一覧を上下にドラッグし、曲名をタップして再生します。画面下部のミニプレーヤーをタップします。

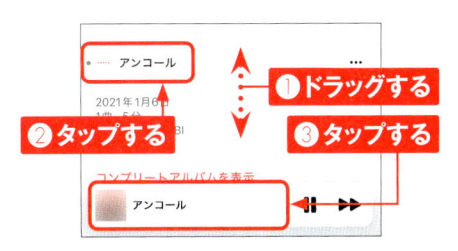

5 「再生中」画面が表示されます。一時停止する場合は⏸をタップします。

MEMO **ロック画面やDynamic Islandで音楽再生を操作する**

音楽再生中にロック画面を表示すると、ロック画面に「ミュージック」アプリの再生コントロールが表示されます。また、音楽再生中にホーム画面を表示すると、Dynamic Islandにアートワークと音の波形が表示され、タッチすると再生コントロールが表示されます。

6

| 16 | Plus | Pro | Pro Max |

Application

Apple Musicを利用する

Apple Musicは、インターネットを介して音楽をストリーミング再生できるサービスです。サブスクリプションで提供されており、月額料金を支払うことで、1億曲以上の音楽を聴き放題で楽しめます。

⏻ Apple Musicとは

Apple Musicは、サブスクリプション制の音楽ストリーミングサービスです。ストリーミング再生だけでなく、iPhoneやiPadにダウンロードしてオフラインで聴いたり、プレイリストに追加したりすることもできます。個人プランは月額1,080円、ファミリープランは月額1,680円、学生プランは月額580円で、利用解除の設定を行わない限り、毎月自動で更新されます。サブスクリプションを購入すると、iTunes Storeで販売しているさまざまな曲とミュージックビデオを自由に視聴できるほか、著名なアーティストによるライブ配信のラジオなどを聴くこともできます。また、ファミリープランでは、家族6人まで好きなときに好きな場所で、それぞれの端末上からApple Musicを利用できます。なお、Apple Oneに登録することでもApple Musicを利用できます。Apple Oneは、Apple Music、Apple TV+、Apple Arcade、iCloud+の4つのサービスを個人プランは月額1,200円、ファミリープランは月額1,980円で利用できます。

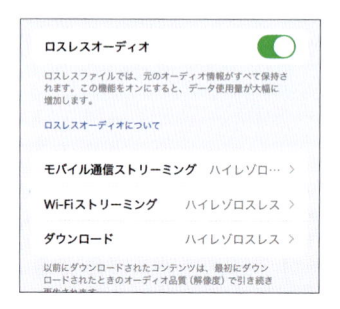

Apple Musicでは、ハイレゾ対応曲が提供されています。ハイレゾを利用するには、ホーム画面で［設定］→［アプリ］→［ミュージック］→［オーディオの品質］の順にタップし、［ロスレスオーディオ］をタップして⬤にし、下部の3つの項目をタップして、［ハイレゾロスレス］をタップします。

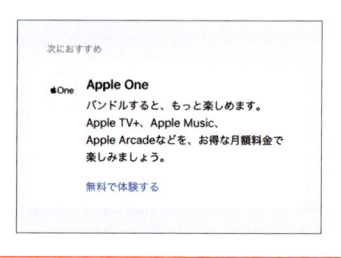

Apple Oneに登録するには、ホーム画面で［設定］→自分の名前→［サブスクリプション］の順にタップし、［Apple One］をタップします。初回は1カ月の無料期間が利用できます。［個人プラン］か［ファミリープラン］をタップして選択し、初回は［無料トライアルを開始］→［サブスクリプションに登録］の順にタップします。

⏻ Apple Musicの利用を開始する

① ホーム画面で🎵をタップし、[ホーム] をタップします。

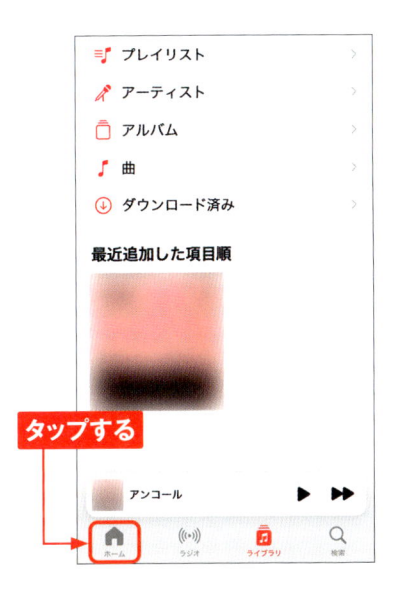

② [3か月間無料で体験]（条件によって表示は異なります）をタップします。

③ アカウントを確認し、[サブスクリプションに登録] をタップします。

サブスクリプション購入のお知らせを確認する

MEMO

Apple Musicのサブスクリプションを開始すると、Apple Accountのメールアドレス宛に「サブスクリプションの確認」という件名でメールが届きます。このメールには、購入日や更新価格などが記載されているので、大切に保管しましょう。

⏻ Apple Musicで曲を再生する

① ホーム画面で🎵→［ホーム］の順にタップして、聴きたいラジオステーションをタップします。

タップする

② 曲の再生が始まります。⏸ をタップすると、再生が停止します。画面下部のミニプレーヤーをタップします。

タップする　　曲を停止できる

③ ⋯→［ライブラリに追加］の順にタップするとライブラリに追加され、続けて［ダウンロード］をタップすると、曲をダウンロードできます。

タップする

④ ダウンロードが完了すると、ライブラリからオフラインでいつでも再生できるようになります。

曲が再生できる

**MEMO　モバイル通信での
ストリーミングをオフにする**

モバイル通信でのストリーミングをオフにしたい場合は、ホーム画面で［設定］→［アプリ］→［ミュージック］→［モバイルデータ通信］の順にタップし、「モバイルデータ通信」の🟢をタップして ⚪ にします。

Apple Musicの自動更新を停止する

① ホーム画面で♫→［ホーム］の順にタップし、アカウントアイコンをタップします。

② ［サブスクリプションの管理］をタップします。

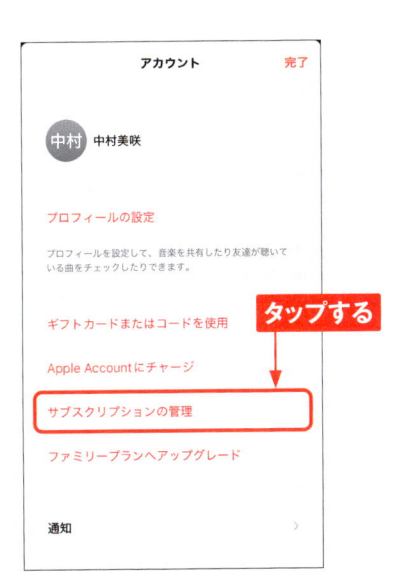

③ ［無料トライアルをキャンセルする］もしくは［サブスクリプションをキャンセルする］をタップします。

④ 「キャンセルを確認」画面が表示されるので、［確認］をタップし、［完了］→［完了］の順にタップします。

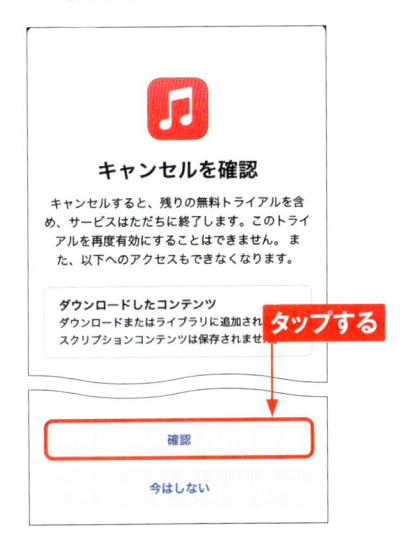

写真を撮影する

Application

iPhoneには背面と前面にカメラがあります。さまざまな機能を利用して、高画質な写真を撮影することが可能です。ナイトモードを利用すれば、暗いところでもきれいに撮影ができます。

写真を撮る

① ホーム画面で［カメラ］をタップします。初回起動時は、画面の指示に従って操作します。

② 画面をピンチすると、ズームイン／アウトすることができます。また、画面下部の数字をタップするか、タッチして目盛りをドラッグすることで、ズームの倍率を変更できます。

ピンチする

③ ピントを合わせたい場所をタップします。オートフォーカス領域と露出の設定が黄色い枠で表示され、タップした位置を中心に自動的に露出が決定されます。

タップする

④ ◻をタップすると、撮影が実行されます。

タップする

⑤ 写真モード時に ⬤ を左方向にスワイプすると、指を離すまで連続写真を撮影することができます。

スワイプする

⑥ 撮影した写真や動画をすぐに確認するときは、画面左下のサムネイルをタップします。写真や動画を確認後、撮影に戻るには、右上の × をタップします。

タップする

6

 MEMO **iPhone 16 Pro ／ Pro Maxの撮影機能**

iPhone 16 Pro ／ Pro Maxでは3つのカメラを搭載しており、5倍までの光学ズーム撮影と2センチまでのマクロ撮影が可能です。これらはカメラを自動で切り替えて行われます。また、ホーム画面で［設定］ → ［カメラ］ → ［フォーマット］の順にタップし、「ProRAWと解像度コントロール」や「Apple ProRes」をオンにすると、より高画質な写真や動画が撮影できます。

⏻ 写真モードの画面の見方

画面上部の▲をタップすると、撮影機能を表示することができます。なお夜間では、❶と❷の間に◐が表示され、ナイトモードを利用できます。

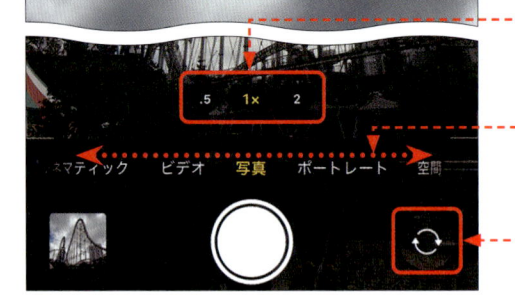

> フラッシュのオン／オフを切り替えます。

> 機能を切り替えるメニューが表示され、タイマーやフィルタを設定できます（下の画面参照）。

> Live Photosのオン／オフの切り替えやフォトグラフスタイルの変更ができます（P.142、153参照）。

> カメラの切り替えができます。タッチして目盛りを左右にドラッグすると、細かくズームを設定できます。

> 画面を左右にスワイプすると、カメラモードを変更できます。

> タップすると、背面カメラと前面カメラを切り替えられます。

> ❶フラッシュの自動／オン／オフを切り替えます。

> ❷Live Photosの自動／オン／オフを切り替えます（P.153参照）。

> ❸フォトグラフスタイルを変更できます（P.142参照）。

> ❹写真の縦横比をスクエア／4：3／16：9のいずれかに設定できます。

> ❺露出を調整できます。

> ❻3秒後、5秒後、10秒後のタイマーを設定できます。

⏻ 前面カメラで撮影する

① 前面カメラで撮影するときは、P.136手順②の画面で、⟳をタップします。

タップする

② 前面カメラに切り替わります。画角を変更したい場合は、⟳をタップします。

タップする

③ 画角が広がります。前面カメラでの撮影方法は、背面カメラと同じです（P.136 〜 137参照）。

6

📝 MEMO 前面カメラの機能

前面カメラも、背面カメラと同様、2枚の異なる露出の写真から、最適な露出に合成できるスマートHDRが利用でき、動画撮影機能も背面カメラと同じ最大で4K/60fpsまでの撮影が可能となっています。また、120fpsのスローモーションでのセルフィーが利用できます。

⏻ カメラコントロールを利用する

① ホーム画面などでカメラコントロール
を押します。

押す

② 「カメラ」アプリが起動します。もう
一度、カメラコントロールを押します。

押す

③ 撮影が実行されます。

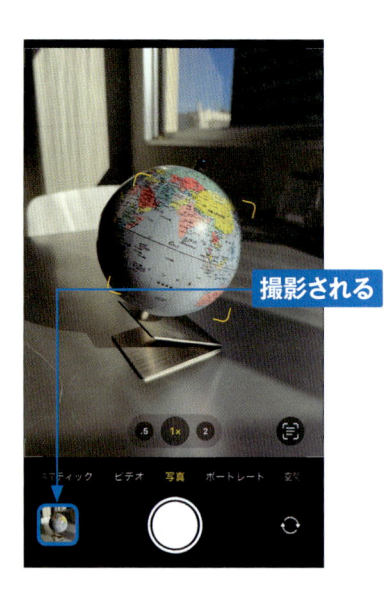

撮影される

④ カメラコントロールを長押しすると動
画の撮影が開始されます。指を離
すと撮影が終了します。

長押し

● ズームイン／アウトする

1 「カメラ」アプリの起動中に、カメラコントロールを1回軽く押します。

2 ズームの目盛りが表示されます。カメラコントロールを上下にスライドすると、ズームイン／アウトができます。

● カメラモードを変更する

1 「カメラ」アプリの起動中に、カメラコントロールを2回軽く押します。

2 カメラモードが表示されます。カメラコントロールを上下にスライドすることで変更できます。

 Visual Intelligenceとは

iPhone 16から「カメラ」アプリに導入された機能が「Visual Intelligence」です。カメラコントロールを長押しして起動し、対象物をカメラに写すと、対象物にまつわる情報を得られます。日本では2025年からのサービス開始が予定されています。

⏻ フォトグラフスタイルを適用して撮影する

① ホーム画面で［カメラ］をタップし、画面上部の◠をタップします。

タップする

② 表示されたメニューから◨をタップします。

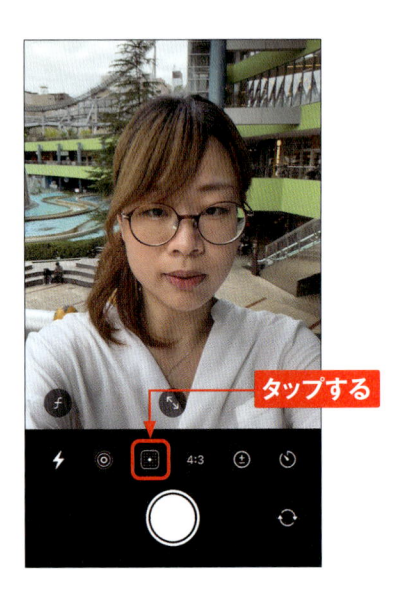

タップする

③ 左右にスワイプして、フォトグラフスタイルを選択し、画面下部のコントロールパッドをタップしてトーンを調整します。選択したら、◯をタップして撮影します。

❶ スワイプする

❷ タップする

❸ タップする

MEMO フォトグラフスタイル

フォトグラフスタイルは肌のトーンを保ったままほかの色を調整したり、雰囲気を変えたりする機能です。設定したフォトグラフスタイルは次回以降の撮影でも反映されています。「カメラ」アプリを一度終了し、再度起動した場合でも設定は残っています。もとに戻したい場合は、手順③の画面を表示して、左右にスワイプして、「標準」を選択し、画面上部の◖をタップしましょう。

ポートレートモードで背景をぼかして撮影する

1 ホーム画面で［カメラ］をタップし、画面を左方向に1回スワイプします。

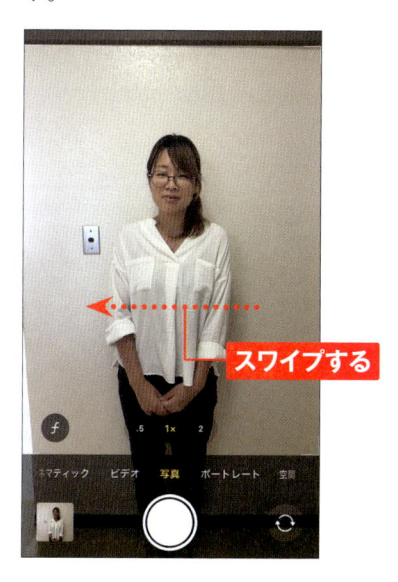

スワイプする

2 被写体との距離を調整し、ポートレートモードが利用できるようになると、「自然光」の表示が黄色くなり、ピントが合っている被写体の周りがぼけた状態になります。

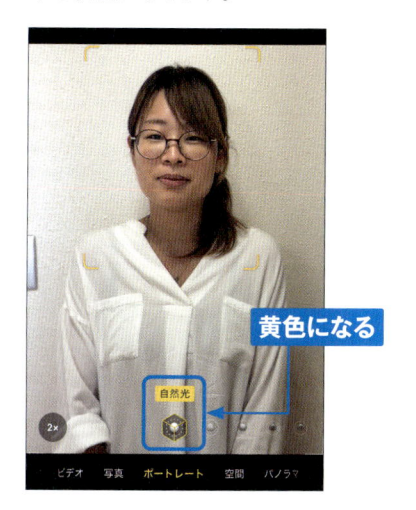

黄色になる

3 下部の照明効果をドラッグして選択し、◻をタップします。

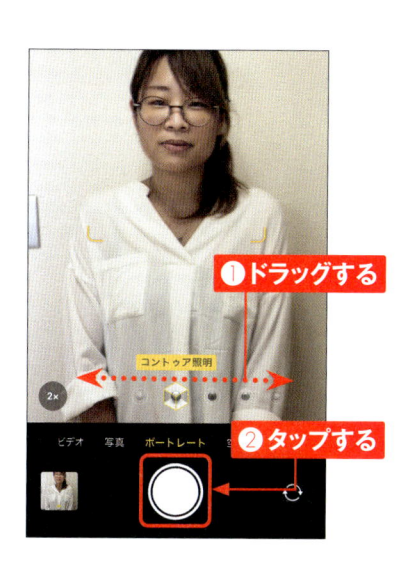

❶ ドラッグする

❷ タップする

MEMO 人物以外や前面カメラでも利用できる

ここでは人物を撮影していますが、人物以外の物体やペットなどでもポートレートモードを利用することができます。また、写真モードで人物やペットを認識する表示されるをタップすることでも、背景のぼかしが適用されます。なお、ポートレートモードは前面カメラでも撮影が可能です。

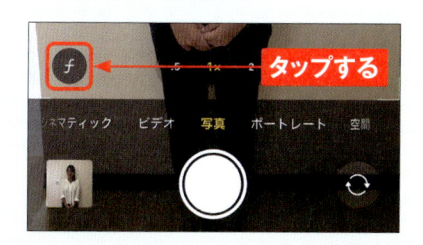

タップする

動画を撮影する

iPhoneの動画撮影では、さまざまな機能が用意されています。「アクションモード」や「空間オーディオ」などを利用することで、映画のような本格的な動画撮影も可能です。

⏻ 動画を撮影する

1 ホーム画面で［カメラ］をタップし、カメラを起動します。カメラモードが「写真」になっているときは、画面を右方向に1回スワイプし、「ビデオ」に切り替えます。

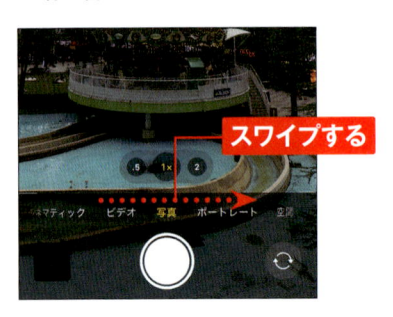

スワイプする

2 ●をタップして撮影を開始します。撮影中は画面上部の撮影時間が赤く表示されます。撮影中にピンチすると、ズームイン／アウトできます。

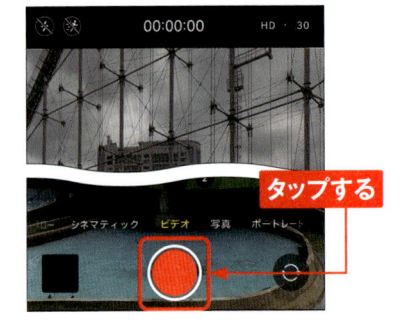

タップする

3 ■をタップすると、動画の撮影を終了します。撮影した動画を確認するには、画面左下に表示されるサムネイルをタップします。

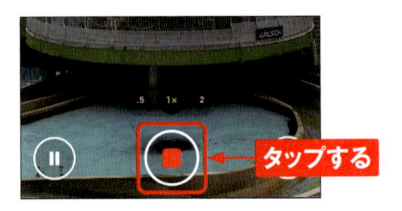

タップする

MEMO アクションモードを利用する

歩きながら撮影する場合は、手ぶれ補正をしてくれる「アクションモード」が便利です。手順②で画面左上の🏃をタップすると、アクションモードが利用できるようになります。なお、アクションモードで撮影できる解像度は最大2.8Kです。

⏻ 空間オーディオの設定を確認する

1 iPhone 16シリーズは、動画撮影時に自動的に空間オーディオが有効になっています。初期設定でオンですが、設定を確認しておきましょう。ホーム画面で[設定]をタップします。

2 [カメラ] をタップします。

3 [サウンド収録] の項目が、[空間オーディオ] になっていることを確認します。[空間オーディオ] ではない場合は、[サウンド収録] をタップします。

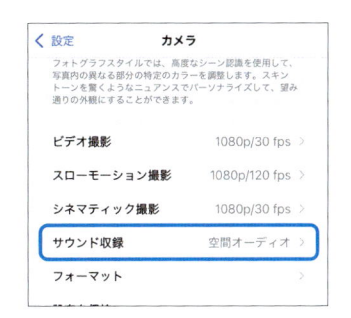

4 [空間オーディオ] をタップして、✓ を付けます。

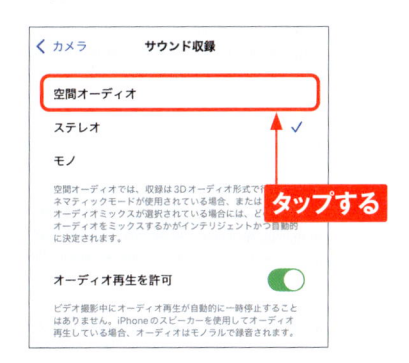

空間オーディオを利用する

ビデオ撮影時、横向きで撮影したほうが空間オーディオの効果をより発揮することができます。なお、再生時、本体スピーカーは空間オーディオに対応していますが、ワイヤレスイヤホンなどは、空間オーディオ対応の機器が必要です。

16 Plus Pro Pro Max

Application

写真や動画を閲覧する

解像度と色の表現力が高いディスプレイを搭載するiPhoneは、写真や動画の閲覧に最適です。撮影した写真や動画をiPhoneで楽しみましょう。

写真を閲覧する

1 ホーム画面で[写真]をタップします。初回起動時は、画面の指示に従って操作します。

タップする

2 画面を下方向にスワイプすると「ライブラリ」が表示され、撮影した順番にすべての写真と動画が表示されます。

スワイプする

3 上下にスワイプすると、保存された写真や動画を確認できます。任意の写真をタップします。

❷タップする ❶スワイプする

4 タップした写真が大きく表示されます。画面をピンチすることで、写真を拡大・縮小できます。

ピンチする

⑤ 画面を左右にスワイプすると、前後の写真が表示されます。下方向にスワイプすると、P.146手順③の画面に戻ります。

⑥ 画面を上方向にスワイプすると、写真の情報が表示されます。

⎙ 動画を閲覧する

① P.146手順①〜②を参考に写真や動画の一覧を表示します。上下にスワイプして閲覧したい動画を探し、タップします。動画には、サムネイルの右下に時間が表示されています。

② 動画が表示され、自動再生されます。画面をタップすると全画面表示になり、全画面表示をタップするともとの画面に戻ります。

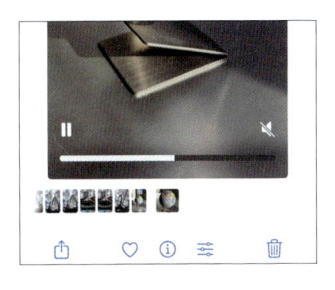

③ 動画を一時停止する場合は、手順②の画面で⏸をタップします。再生するには、▶をタップします。

④ 動画は消音で再生されます。音を出したい場合は、手順②の画面で🔇をタップします。消音に戻すには、🔊をタップします。

最近の日別に閲覧する

① 「写真」アプリを起動し、画面を上方向にスワイプします。

② 「最近または過去の日々」から見たい日付のコレクションをタップします。

③ 写真が一覧表示されます。

MEMO 写真を検索する

画面上部の🔍をタップすると、「検索」画面が表示されます。入力欄にキーワードを入力すると、キーワードに関連する写真が表示されます。

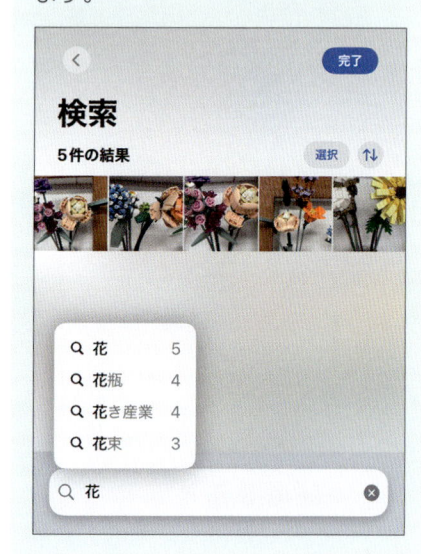

コレクションの内容をスライドショーで表示する

1 コレクションを表示して、[ムービー] をタップします。

2 スライドショーが再生されます。画面 をタップします。

3 右上の ✕ をタップすると、手順①の 画面に戻ります。 をタップします。

4 画面を左右にスワイプすると、音楽 やフィルターを変更できます。画面 をタップすると、手順③の画面に戻 ります。

⏻ ピンで固定したコレクションを変更する

① 「写真」アプリを起動し、画面を上方向にスワイプします。

② 「ピンで固定したコレクション」の［変更］をタップします。

③ ピンで固定したい項目をタップします。

④ コレクションが追加されます。

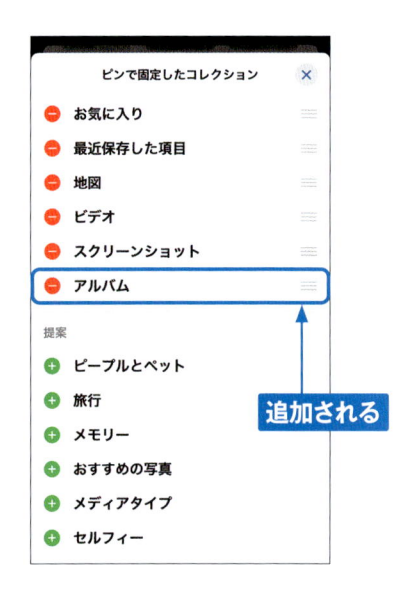

1「最近または過去の日々」コレクションの日付のコレクションなどを表示し（P.148参照）、画面を上方向にスワイプします。

スワイプする

今日

2 コレクション内の写真が表示されます。標準では「概要」モードになっており、ベストショットが大きく表示され、類似する写真やスクリーンショットなどは非表示になっています。■ をタップします。

タップする

3 すべての写真を表示したい場合は、［すべて］をタップします。

タップする

✓ 要約（22）
すべて（27）

写真　ムービー

4 コレクション内のすべての写真が、同じ大きさで表示されます。

写真　ムービー

6

写真を非表示にする

① 写真を非表示に設定することで、「写真」アプリや「写真」アプリのウィジェットで表示しないようにすることができます。画面右上の［選択］をタップします。

② 非表示にしたい写真をタップします。

③ 画面右下の⋯をタップし、［非表示］をタップします。

④ ［○枚の写真を非表示］をタップします。

 MEMO 非表示コレクション

非表示にした写真は、「その他」の［非表示］コレクションをタップして見ることができます（パスコードの入力が必要）。同様の操作で手順③の画面に表示される［非表示を解除］をタップすると、写真を再表示できます。

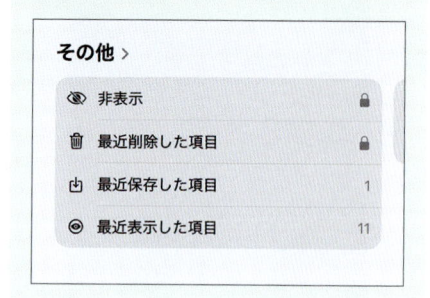

⏻ Live Photosを再生する

① 右下のMEMOを参考に、「Live Photos」がオンの状態で撮影した写真を表示し、画面をタッチします。

② 写真を撮影した時点の前後1.5秒の音と映像が、再生されます。

③ 指を離すと、最初の画面に戻ります。

MEMO

Live Photosを オフにする

Live Photosは通常の写真よりも、ファイルサイズが大きくなります。iPhoneの容量が残り少ない場合などは、Live Photosをオフにしておくとよいでしょう。Live Photosをオフにするには、ホーム画面で「カメラ」アプリをタップし、画面上部の◉をタップして◉にします。

16	Plus	Pro	Pro Max

写真や動画を
編集・利用する

Application

iPhone内の写真や動画を編集してみましょう。明るさの自動補正のほか、「傾き補正」や「スタイル」、「調整」などを利用できます。また、動画の編集ではトリミングで長さを変更できます。

◎ 写真を編集する

① 「写真」アプリで、編集したい写真を表示し、画面下部の ⇌ → ［調整］の順にタップします。

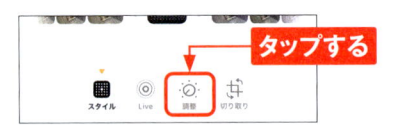

② 「調整」画面が表示され（ポートレートモードの写真はP.158〜159参照）、明るさやコントラストなどの補正が行えます。ここでは ▨ をタップします。

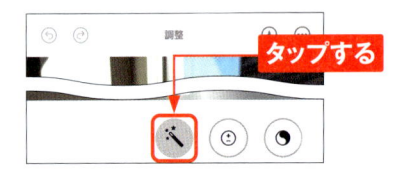

③ 写真が自動補正されます。アイコンの下に表示される目盛りを左右にドラッグすると、好みに合わせた補正ができます。

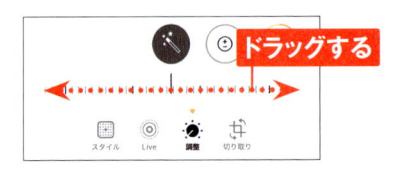

④ より詳細な補正を行いたい場合は、補正項目のアイコンを左にスワイプして補正の種類を選択し、目盛りを左右にドラッグして細かく調整します。

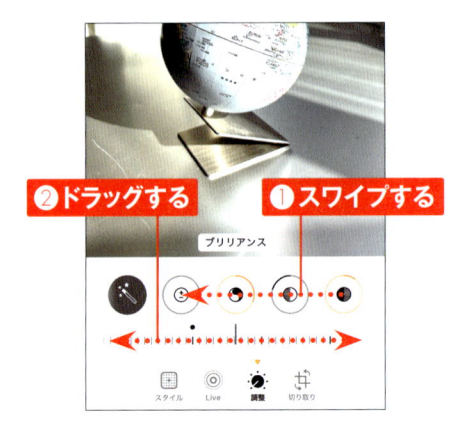

MEMO 編集中に編集前の
画像を確認する

写真を編集中に編集を行う前のオリジナル画像を確認したいときは、表示されている写真をタップします。どれくらいの補正ができているか、すばやく確認することができて便利です。

⑤ フォトグラフスタイルをあとから設定する場合は、[スタイル] をタップします。

⑥ スタイル部分を左右にスワイプし、スタイルを設定します。スタイルの下の目盛りを左右にドラッグすると、スタイルの強度の調整ができます。

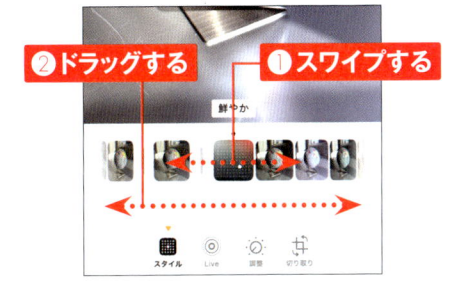

⑦ 写真をトリミングするには [切り取り] をタップします。

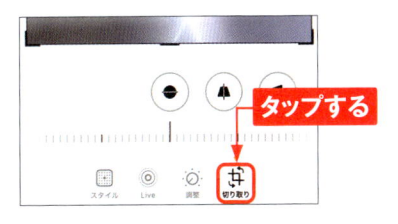

MEMO 変更を破棄する

手順⑨の画面で、左上の ✕ → [変更内容を破棄] の順にタップすると、変更を破棄してもとの写真に戻すことができます。

⑧ 写真に傾きがある場合は自動で補正されます。画面下部のアイコンと目盛りで写真の角度や歪みの調整ができます。また、 をタップすると左右反転ができ、 をタップするごとに写真が90度回転します。

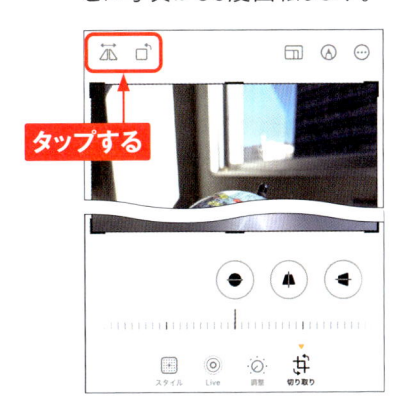

6

⑨ 自由な大きさにしたいときは、枠の四隅をドラッグしてトリミング位置を調整します。 ✓ をタップすると写真が保存されます。

写真から対象物を抜き出す

① 「写真」アプリで、写真を表示し、抜き出したい対象物をタッチします。

タッチする

② 自動で抜き出しが完了すると、対象物の輪郭が光ります。そのまま指を離さずにドラッグすると、対象物を抜き出していることが確認できます。

指を離さずにドラッグする

③ 指を離すと表示されるメニューから、抜き出した写真の操作を選択します。[コピー] をタップするとメモやメールなどに貼り付けることができ、[ステッカーに追加] をタップするとiMessageのステッカーに登録できます。ここでは [共有…] をタップします。

コピー　ステッカーに追加　共有…

タップする

④ ここでは [画像を保存] をタップします。

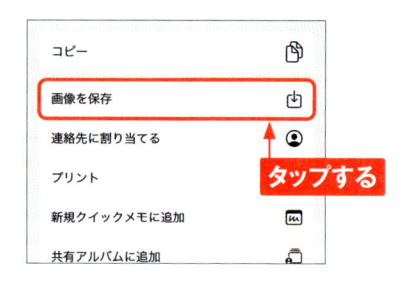

コピー

画像を保存

連絡先に割り当てる

タップする

プリント

新規クイックメモに追加

共有アルバムに追加

⑤ 「写真」アプリを確認すると、抜き出した画像が保存されていることが確認できます。

MEMO　抜き出しが利用できる環境

対象物がぶれている、サイズが小さい、背景と同系色、といった画像では、対象物の抜き出しが行えない場合があります。なお、この機能はスクリーンショット、動画を一時停止した画面、Safari（P.113参照）などでも利用できます。

写真や動画内の文字を操作する

1 「写真」アプリで文字を操作したい写真や動画を表示（動画の場合は文字が映るシーンで一時停止）し、文字部分をタッチします。

2 文字の範囲をドラッグし、表示されるメニューから文字の操作を選択します。ここでは［調べる］（初回はこのあと［続ける］）をタップします。

3 手順②で選択した範囲の文字の検索結果が表示されます。ページ内のリンクをタップすると、Safariが起動します。

 MEMO

文字認識から利用できる操作

認識した文字は、コピー、調べる、翻訳、Web検索、ユーザー辞書登録、共有などの操作を行えます。また、認識する文字によって適切な操作メニューが表示されることもあります。たとえば、電話番号を認識するとそのまま電話をかけたり、メールアドレスを認識するとメールの作成画面を表示したりすることもできます。

⏻ ポートレートモードで撮影した写真を編集する

① 「写真」アプリでポートレートモードで撮影した写真を表示します。ポートレートモードで撮影した写真には、左上に「ポートレート」と表示されます。

② ≋ をタップします。

③ ◉ をタップします。

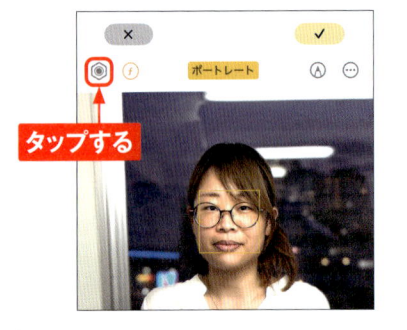

④ 下部の照明効果を左右にドラッグすると、撮影時の照明効果を変更することができます。

⑤ 上部の ⨍4.5 （被写界深度により数字は変わります）をタップし、下部の目盛りを左右にドラッグすると、被写界深度を変更することができます。

6

⑥ 「f4.5」から「f1.4」に変更すると、かなり背景のぼかしが強くなっていることがわかります。

⑦ ✓ をタップします。変更が適用され、P.158手順①の画面に戻ります。

⑧ もとに戻したい場合は、✕ → ［変更内容を破棄］の順にタップします。

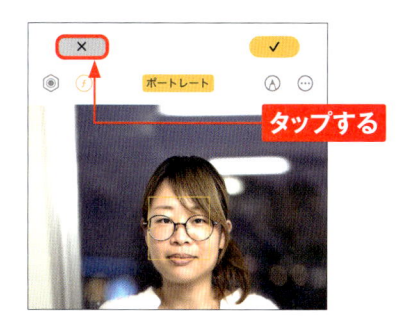

MEMO ポートレートモードの照明効果

ポートレートモードの照明効果には、背景を真っ白に飛ばして撮影する「ハイキー照明（モノ）」や被写体だけにスポットライトを当てる「ステージ照明」などがあります。照明効果を変更するだけで、スタジオで撮影したような写真を手軽に撮影できます。

⏻ 動画を編集する

① 「写真」アプリで編集したい動画を表示し、画面下部の ⇌ をタップします。

② フレームの両端をそれぞれドラッグすると、動画の不要な箇所を削除することができます。黄色で囲まれた部分が動画ファイルとして残ります。［調整］をタップします。

③ 動画も写真の編集（P.154〜155参照）と同様の補正ができます。［フィルタ］をタップします。

④ フィルタをあとから設定することができます。動画をタップするとフィルタをかける前のオリジナルの動画を確認することができます。

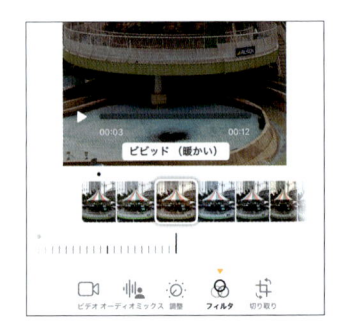

⑤ ✓ をタップし、［ビデオを保存］または［ビデオを新規クリップとして保存］をタップすると動画が保存されます。

⏻ 動画の音の聞こえ方を変更する

1 空間オーディオがオンの状態で撮影した動画（P.145参照）は、音の聞こえ方を変更することができます。P.160手順②の画面を表示して、［オーディオミックス］をタップします。

2 下部の聞こえ方の部分をスワイプします。

3 設定したい聞こえ方（ここでは［スタジオ]）をタップします。下部の目盛りをドラッグして、効果の強弱を設定します。

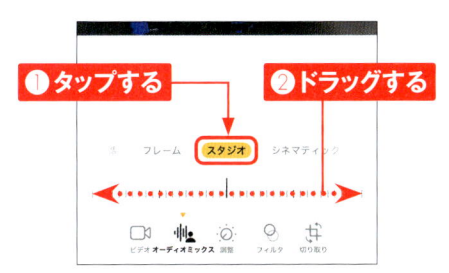

4 聞こえ方を設定したら、✓ をタップします。聞こえ方が変更されます。

 **MEMO 聞こえ方の種類**

聞こえ方の種類には、通常の「標準」以外に「フレーム」「スタジオ」「シネマティック」があります。「フレーム」は画角外で人が話をしていても、画角内にいる人の声を強調します。「スタジオ」はスタジオ内でマイク録音したような印象の音になります。「シネマティック」は周囲の音声をスクリーンの手前側に集めた、映画的なサウンド形式です。

写真を削除する

Application

写真が増え過ぎてしまった場合は、写真を削除しましょう。写真は、1枚ずつ削除するほかに、まとめて削除することもできます。また、削除した写真は、30日以内であれば復元することができます。

⚙ 写真を削除する

① 「写真」アプリで、[選択] をタップします。

② 削除したい写真をタップしてチェックを付け、画面右下の 🗑 をタップします。

③ メニューが表示されるので、[写真を削除]（選択枚数などで変わります）をタップ（次に [OK] が表示されたらタップ）すると、選択した写真が削除されます。

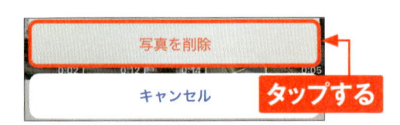

MEMO 削除した写真を復元する

削除した写真は30日間は「その他」の「最近削除した項目」コレクションで保管されます。「最近削除した項目」コレクションの写真のサムネイルには、削除までの日数が表示されます。写真を復元したい場合は、[選択] をタップし、復元したい写真にチェックを付け、⋯→[復元] → [写真を復元] の順にタップします。

Chapter 7

アプリを使いこなす

16　Plus　Pro　Pro Max

Application

App Storeで アプリを探す

iPhoneにアプリをインストールすることで、ゲームや読書を楽しんだり、機能を追加したりできます。「App Store」アプリを使って気になるアプリを探してみましょう。

⏻ キーワードからアプリを探す

① ホーム画面で［App Store］をタップします。初回起動時は、画面の指示に従って操作します。

タップする

② ［検索］をタップします。

タップする

③ 画面上部の入力フィールドに検索したいキーワードを入力して、［検索］（または［search］）をタップします。

❶入力する

❷タップする

④ 検索結果が表示されます。検索結果を上方向にスワイプすると、別のアプリが表示されます。

スワイプする

7

⏻ ランキングやカテゴリからアプリを探す

1 P.164手順②の画面で［アプリ］をタップします。

2 定番のアプリや有料アプリ、無料アプリなどを確認できます。画面を上方向にスワイプします。

3 画面の下部にある「カテゴリでチェック」から、見たいカテゴリ（ここでは［ニュース］）をタップします。

4 タップしたカテゴリのアプリが表示されます。画面を上方向にスワイプすると、有料アプリや無料アプリを確認できます。

| 16 | Plus | Pro | Pro Max |

アプリをインストール・アンインストールする

Application

ここでは、App Storeでアプリを入手して、iPhoneにインストールする方法を紹介します。アプリのアップデート、削除の方法もあわせて紹介します。

無料のアプリをインストールする

① 入手したい無料のアプリをタップします。

タップする

② アプリの説明が表示されます。［入手］をタップします。

タップする

③ ［インストール］をタップします。

タップする

MEMO 有料のアプリを購入する

手順①を参考に有料のアプリをタップして、アプリの価格をタップし、［購入］をタップすると、手順⑥と同様にアプリがインストールされます。

タップする

④ Apple Account（Sec.15参照）のパスワードを入力し、［サインイン］をタップします（MEMO参照）。初回は「レビュー」画面が表示されるので、画面の指示に従って操作します。

App Store ✕

Apple Account にサインイン
この決済を承認するには、
baseballflower01@icloud.com のパスワードを
入力してください。

❶ 入力する

サインイン

パスワードをお忘れの場合

❷ タップする

⑤ 追加購入時のパスワードの入力に関する画面が表示されたら、［常に要求］または［15分後に要求］をタップします。このあと、利用規約が表示される場合があります。

< 検索

マイナポータル
マイナンバーカードを使って各種
サービスが利用できます

2.3万件の評価　年齢　ランキング　デベロッ
1.6　　　4+　　　#1
★★☆☆☆　歳　ユーティリティ　デジタル

このデバイス上で追加の購入
を行うときにパスワード
の入力を要求しますか?
これは「メディアと購入」の設定からいつ
でも変更できます。

常に要求　　15分後に要求

タップする

⑥ インストールが自動で始まります。インストールが終わると、標準ではホーム画面にアプリが追加されます。

追加された

Q 検索

MEMO
Face IDでアプリをインストールする

Sec.65を参考にFace IDを設定すると、手順④でApple Accountのパスワードを入力する代わりにFace IDを利用して、アプリをインストールすることができます。

App Store ✕

tenki.jp 日本気象協会の天気予報
アプリ・雨雲レーダー 4+
一般財団法人 日本気象協会
アプリ内課金があります

アカウント: baseballflower02@icloud.com

サイドボタンで承認

⏻ アプリをアンインストールする

① ホーム画面でアンインストールしたいアプリをタッチして、表示されるメニューで［アプリを削除］をタップします。

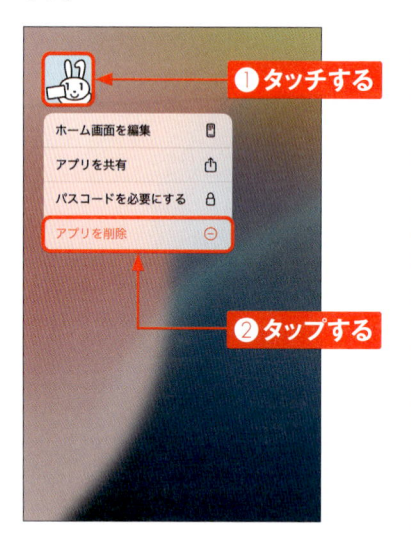

③ ［削除］をタップすると、アプリがアンインストールされます。

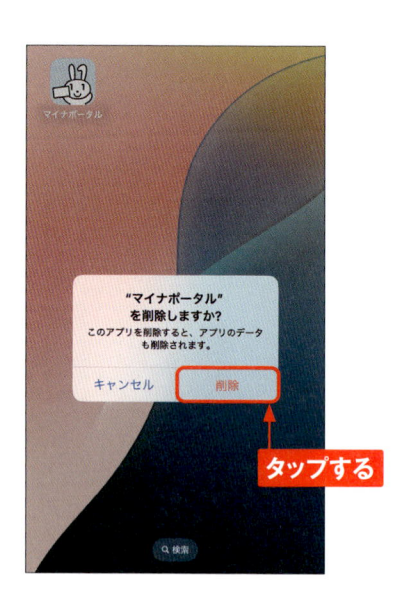

② ［アプリを削除］をタップします。

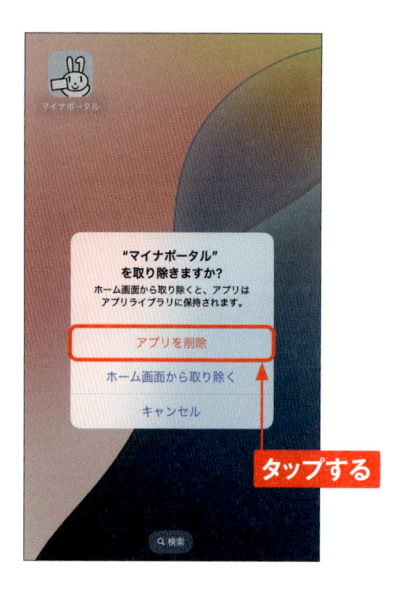

**MEMO ホーム画面から
アイコンを削除する**

手順②で［ホーム画面から取り除く］をタップすると、アイコンは消えますが、アプリはアプリライブラリに残ります。

⏻ アプリをアップデートする

1 「App Store」アプリを起動して、画面右上のアカウントアイコンをタップします。

タップする

2 アップデートできるアプリがある場合は、一覧が表示されます。[すべてをアップデート]をタップします。

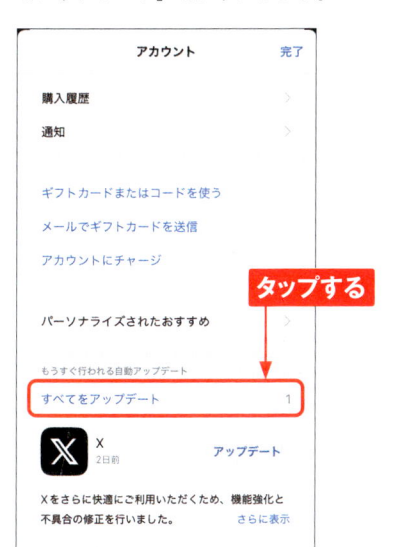

タップする

3 アップデート可能なすべてのアプリのアップデートが開始されます。[完了]をタップします。

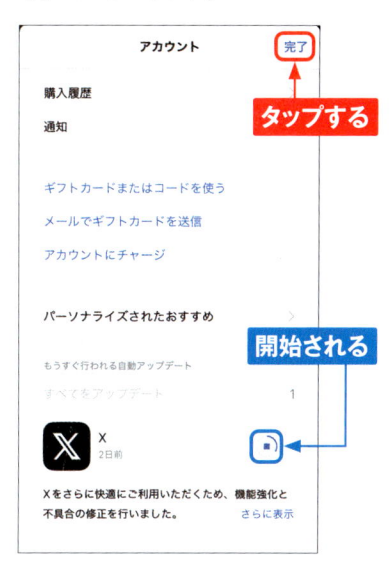

タップする

開始される

MEMO アプリを個別にアップデートする

アプリを個別にアップデートしたい場合は、手順②の画面でアップデートしたいアプリの[アップデート]をタップします。

タップする

7

| 16 | Plus | Pro | Pro Max |

カレンダーを利用する

Application

iPhoneの「カレンダー」アプリでは、予定を登録して指定した時間に通知させたり、カレンダーのウィジェットに表示させたりすることができます。

予定を登録する

1 ホーム画面で［カレンダー］をタップします。初回起動時は、画面の指示に従って操作します。

2 画面右上の＋をタップします。

3 「タイトル」などを入力し、［開始］をタップします。［リマインダー］をタップすると、リマインダーを作成できます。

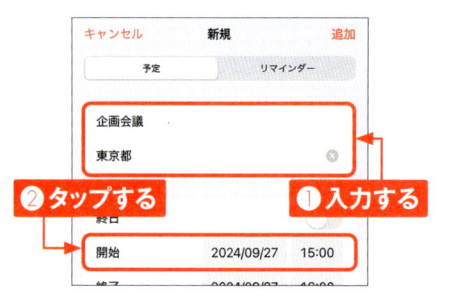

4 開始日時と終了日時を設定し、［追加］をタップします。

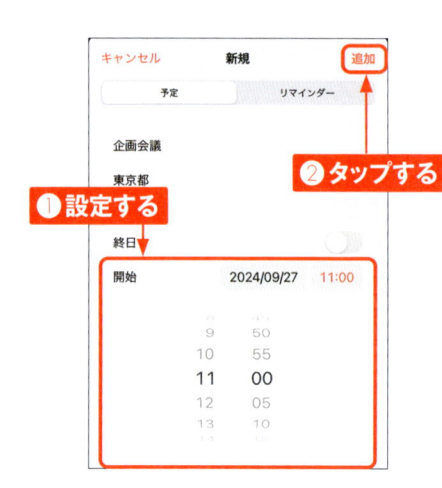

5 予定が追加されます。

🛎 予定を編集する

1 P.170手順⑤の画面で、登録した予定をタップします。

2 [編集] をタップします。

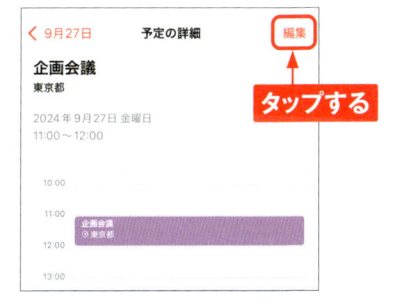

3 編集したい箇所をタップします。ここでは、[通知] をタップします。

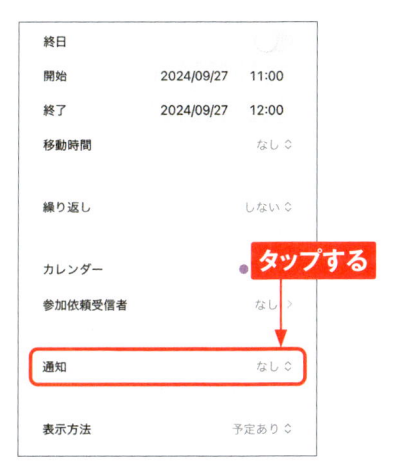

4 通知させたい時間をタップします。ここでは [1時間前] をタップします。

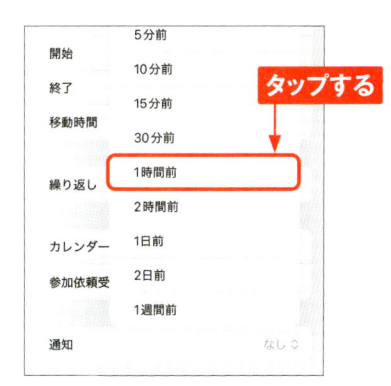

5 [完了] をタップすると、編集が完了します。

 **ウィジェットでの予定表示**

登録した予定は、カレンダーのウィジェットにも表示されます。

7

171

予定を削除する

1 「カレンダー」アプリで削除したい予定をタップします。

2 「予定の詳細」画面が表示されるので、[予定を削除] をタップします。

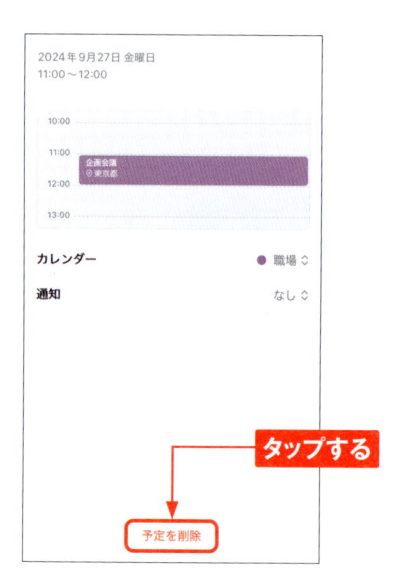

3 [予定を削除] をタップします。

MEMO 予定を検索する

手順①の画面で Q をタップし、入力欄に検索したい予定名の一部を入力して [検索] をタップすると、登録した予定を検索できます。

⚙ カレンダーの表示を切り替える

① 「カレンダー」アプリで画面左上の ‹ をタップします。

③ タップした日の予定が表示されます。画面右上の ▤ → [リスト] の順に をタップします。

② カレンダーが月表示に切り替わりました。日付（ここでは [30]）をタップします。

④ 予定の一覧表示に切り替わりました。☰ → [単一日] の順にタップすると、手順③の画面に戻ります。

 MEMO ピンチ操作で表示を切り替える

iPhone16ではピンチ操作でカレンダーの表示を切り替えることができます。ピンチインとピンチアウトで「コンパクト」「スタック」「詳細」の3つの表示に変更されます。

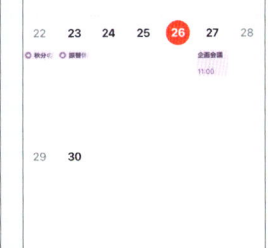

| 16 | Plus | Pro | Pro Max |

リマインダーを利用する

Application

iPhoneの「リマインダー」アプリは、リスト形式でタスクを整理するアプリです。登録したタスクを、指定した時間や場所を条件にして通知できます。ここでは、iCloudの同期をオンにした状態で解説します（P.220参照）。

⏻ タスクを登録する

① ホーム画面で［リマインダー］をタップします。初回起動時は、画面の指示に従って操作します。

② 「マイリスト」の［リマインダー］をタップし、［新規］をタップします。

③ 画面をタップしてタスクを入力し、［完了］をタップします。

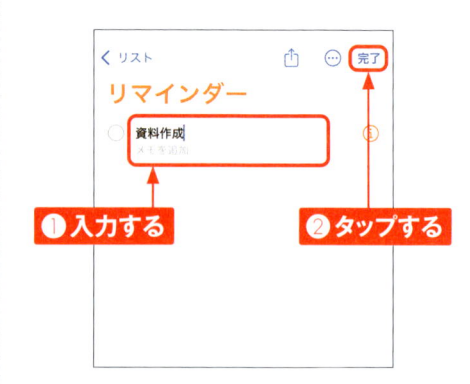

④ タスクが登録されます。

⏰ 日付を指定してタスクを登録する

1 P.174手順③の画面で🗒をタップします。

2 タスクの期限日を設定します。ここでは［明日］をタップします。「リマインダーを見逃さないようにしましょう」画面が表示されたら、［続ける］→［許可］の順にタップします。

3 画面をタップしてタスクを入力し、［完了］をタップすると、タスクが登録されます。

MEMO タスクの期限を通知する

手順③の画面で①をタップすると、「詳細」画面が表示されます。詳細画面の「日付」を⚪️にすると指定日に、「時刻」を⚪️にすると指定時刻にアラームを鳴らして通知してくれます。

7

タスクを管理する

1 リマインダーを表示します。タスクの内容を実行したら、○ をタップします。

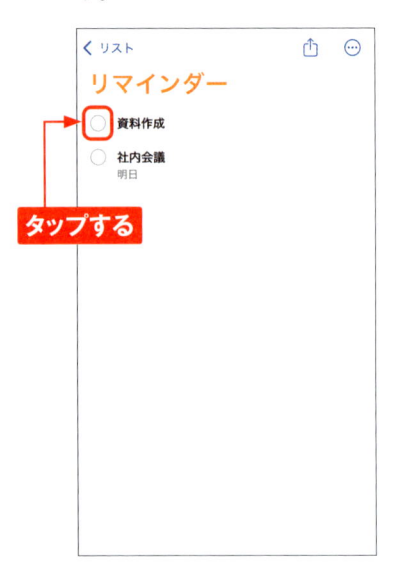

タップする

2 ○ が ◉ になり、実行済みになります。実行済みのタスクは、リストに表示されなくなります。

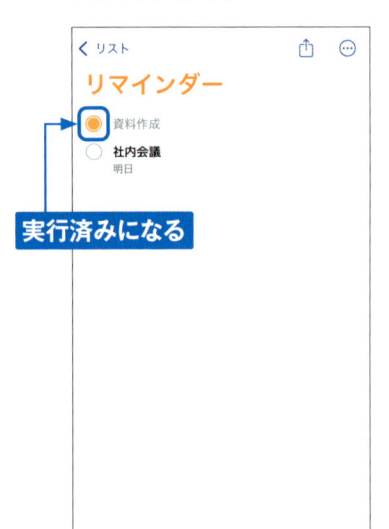

実行済みになる

3 実行済みのタスクを表示するときは、手順②の画面で … をタップして、［実行済みを表示］をタップします。

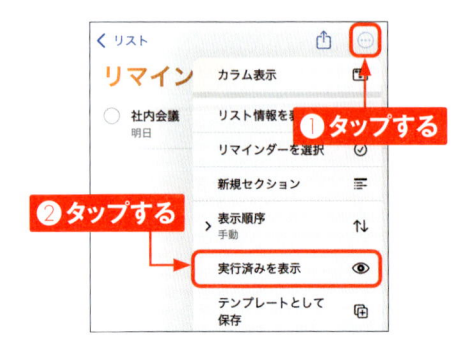

① タップする

② タップする

4 実行済みのタスクが表示されます。

表示される

MEMO タスクを並べ替える

手順③の画面で［表示順序］をタップすると、期限や作成日などでタスクを並べ替えることができます。

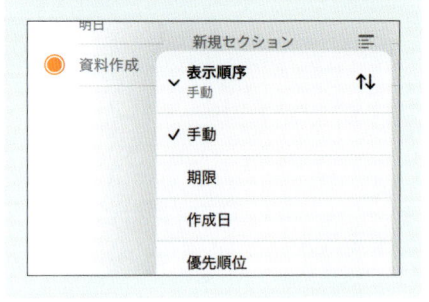

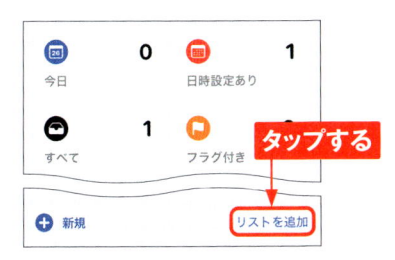 リストを管理する

① P.174手順②の画面で、左上の`<`をタップして、［リストを追加］をタップします。

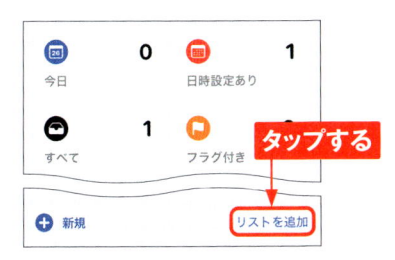

② リストの名前を入力して、色やアイコンを設定し、［完了］をタップします。

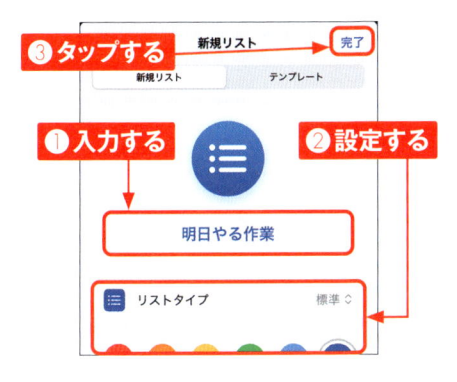

③ 手順①の画面のマイリストに追加したリストが表示されます。⊙→［リストを編集］の順にタップします。

④ ［グループを追加］をタップします。

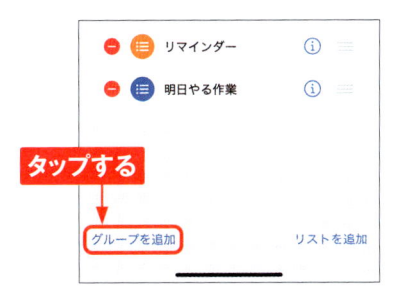

⑤ グループ名を入力し、［含める］をタップします。

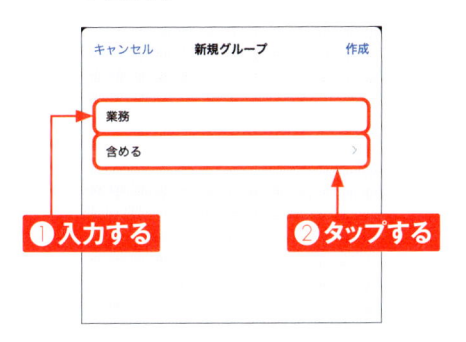

⑥ グループに追加したいリストの⊕をタップして⊖にします。`<`をタップして手順⑤の画面に戻り、［作成］→［完了］の順にタップすると、グループが作成されます。

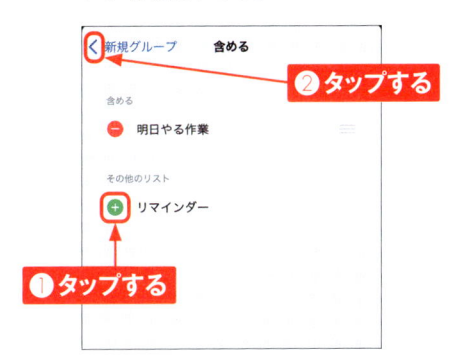

メモを利用する

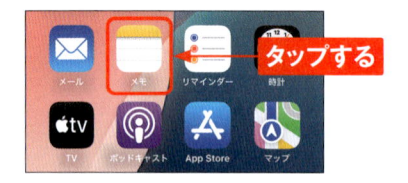

Application

iPhoneの「メモ」アプリでは、通常のキーボード入力に加えて、スケッチの作成や、写真の挿入などが可能です。iCloudと同期すれば、作成したメモをほかのiPhoneやiPadと共有できます。

ⓘ メモを作成する

① ホーム画面で[メモ]をタップします。初回起動時は、画面の指示に従って操作します。

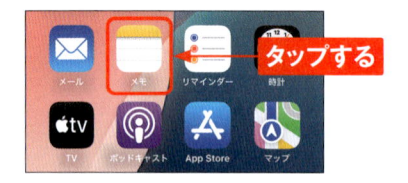

② 「メモ」フォルダがある場合は[メモ]をタップして、✐をタップします。

MEMO オーディオを録音

手順④の画面で[オーディオを録音]をタップすると、音声や音楽を録音してメモすることができます。

③ 新規メモの作成画面が表示されます。キーボードで、文字や絵文字を入力することができます。1行目は自動的に大きな文字となり、メモのタイトルになります。入力が完了したら、[完了]をタップし、保存します。

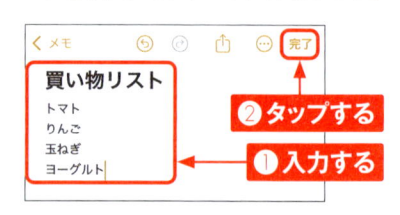

④ 手順③の画面で✐をタップして、[書類をスキャン]をタップすると、撮影した書類を「メモ」アプリに保存できます。

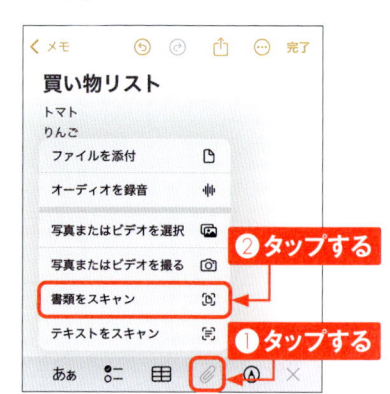

⏻ 「メモ」アプリの機能

● クイックメモ

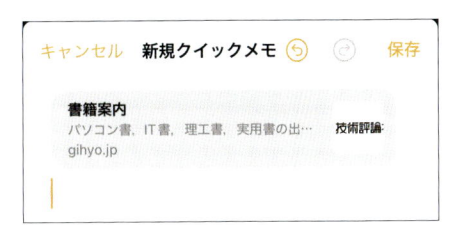

ほかのアプリの起動中に ⬆（アプリによって異なります）→［新規クイックメモに追加］の順にタップすると、クイックメモを作成できます。内容を入力し、［保存］をタップすると「メモ」アプリにメモが保存されます。

● タグ

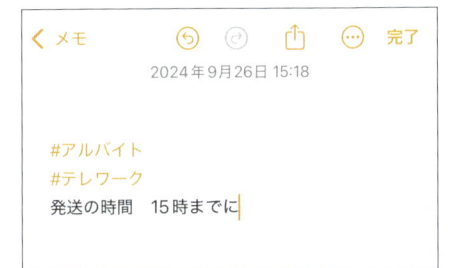

メモではタグを利用できます。「#」に続けてタグにしたい言葉を入力します。タグは1つのメモに複数挿入可能で、タグで検索できるほか、タグごとのカスタムスマートフォルダも利用できます。

● 計算

13×8=104

● メモのピン留め

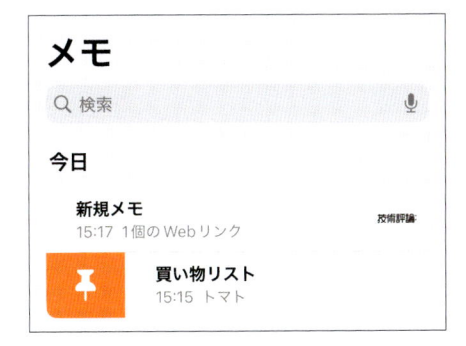

P.178手順②の画面でメモを右方向にスワイプし、📌 をタップすると、画面上部にピン留めできます。解除するときは、固定したメモを右方向にスワイプし、📌 をタップします。

7

● リンクの挿入

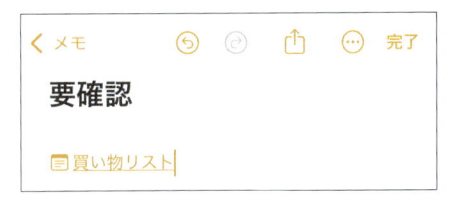

P.178手順③の画面で、リンクを挿入したい場所でタッチし、［リンクを追加］、または 〉→［リンクを追加］の順にタップすると、ほかのメモへすばやく移動できるリンクを追加することができます。

P.178手順③の画面で⒜をタップし、手書きに変更します。手書きで計算式を書き、最後に「＝」を書いて、［問題を解く］をタップすると、答えが自動で表示されます。

翻訳を利用する

Application

「翻訳」アプリでは、音声入力で任意の言語にリアルタイム翻訳ができます。また、使用する言語をあらかじめダウンロードしておくと、電波の届かない場所でも利用できるようになります。

⏻ 音声を翻訳する

① ホーム画面で[翻訳]をタップします。初回起動時は、画面の指示に従って操作します。

② 翻訳する言語のペアを ⌄ をタップして設定します。

③ 🎤 をタップします。

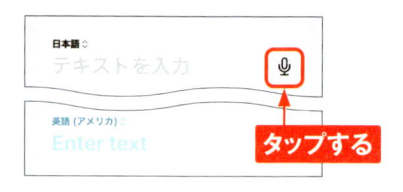

④ 翻訳したい内容を音声入力します。手順③の画面で［テキストを入力］をタップすると、テキスト入力もできます。

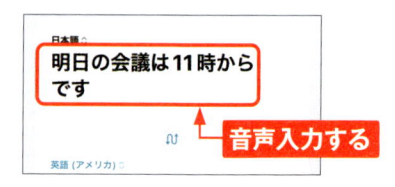

⑤ 翻訳した音声が自動再生され、テキストが画面に表示されます。

ⓤ 「翻訳」アプリを活用する

●オフライン時にも使用できるようにする

① 「翻訳」アプリを起動し、画面上部の⋯をタップします。

タップする

② ［ダウンロードする言語］をタップします。

タップする

③ 言語をタップしてダウンロードすると、その言語がオフラインで使用可能になります。

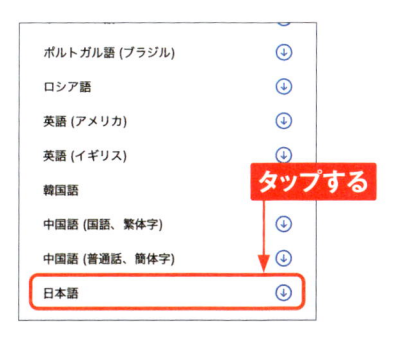

タップする

●翻訳をほかの人に見せる

① P.180手順⑤の画面で↖をタップします。

タップする

② 翻訳したテキストが大きく表示されます。▶をタップするとテキストの読み上げ、💬をタップすると、手順①の画面に戻ります。

タップする

パスワードを利用する

Application

iOS 18から「パスワード」アプリが実装され、アカウントやほかのアプリで利用しているパスワードなどを1つのアプリで管理することができるようになりました。

Webサイトで利用する

① 「パスワード」アプリは、さまざまな場面で利用することができますが、ここでは、Webサイトで利用する場合を紹介します。SafariでWebサイトのログイン画面を表示し、アカウント名とパスワードを入力して、[ログイン]をタップします。

② 初めてログインするWebサイトでは、このような画面が表示されるので、パスワードを保存する場合は、[パスワードを保存]をタップします。

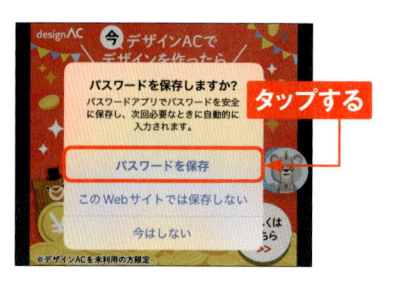

③ 次回以降同じWebサイトのログインページを表示すると、このような画面が表示されるので、[パスワードを入力]をタップします。

④ アカウント名とパスワードが、自動で入力されます。Webサイトによっては、自動でログインします。

 パスワードを管理する

① ホーム画面で［ユーティリティ］→［パスワード］の順にタップします。パスコードを設定している場合は、パスコードを入力します。

タップする

② P.182のWebサイトのパスワードを変更します。［すべて］をタップします。

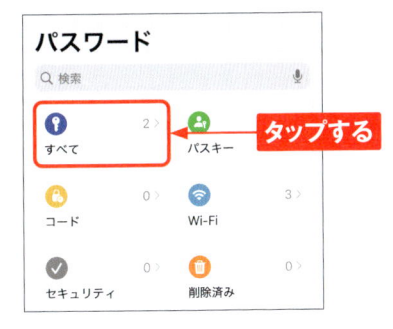

タップする

③ パスワードを変更したWebサイトをタップします。

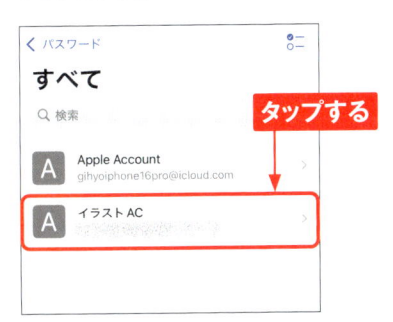

タップする

④ ［編集］をタップします。

タップする

7

⑤ Webサイトのパスワードを変更した場合などは、［パスワードを削除］をタップすると、このWebサイトの記録自体が削除され、P.182の操作で、変更したパスワードなどを新しく保存することができます。

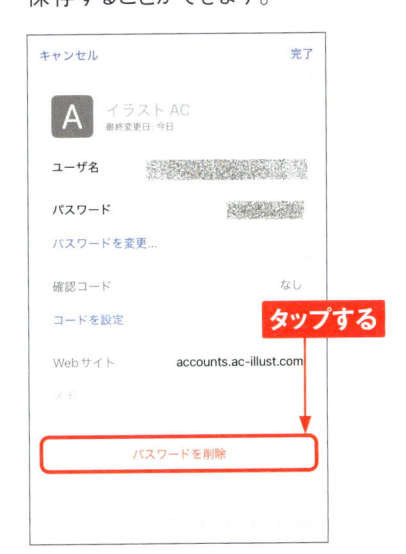

タップする

16　Plus　Pro　Pro Max

ボイスメモを利用する

Application

「ボイスメモ」アプリでは、iPhoneに音声を収録できます。iPhone 16 Pro ／ Pro Maxでは、すでに収録した音声に重ねて音声を収録できる「マルチトラックレコーディング」機能の追加が予定されています。

音声を録音する

① ホーム画面で［ユーティリティ］→［ボイスメモ］の順にタップします。初回起動時は、画面の指示に従って操作します。

② ◉をタップします。

③ 録音が開始されます。◉をタップすると、録音が終了します。

④ 「すべての録音」に収録した音声が表示されます。

⏻ 録音した音声を編集する

① P.184手順④の画面で、∿をタップします。

② ⇄をタップすると、再生速度の変更や補正ができます。

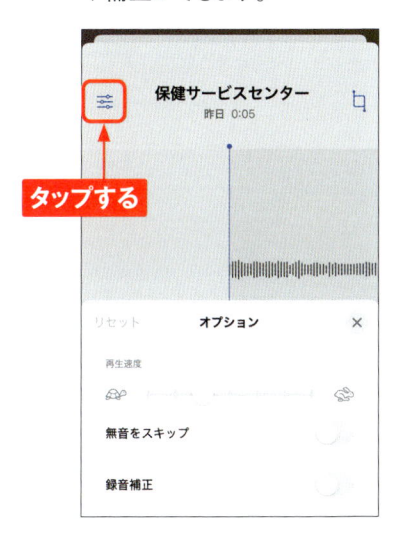

③ 手順②の画面で、⊐をタップし、● をドラッグして、[トリミング]をタップすると、音声のトリミングが行えます。

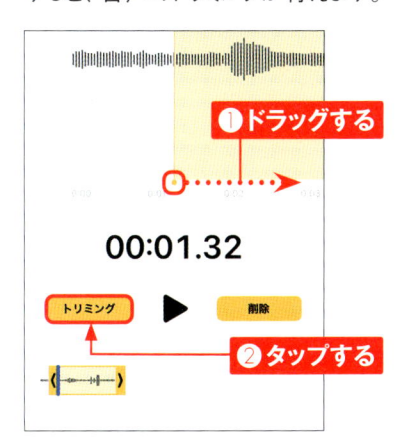

④ [適用]をタップすると、変更を保存できます。

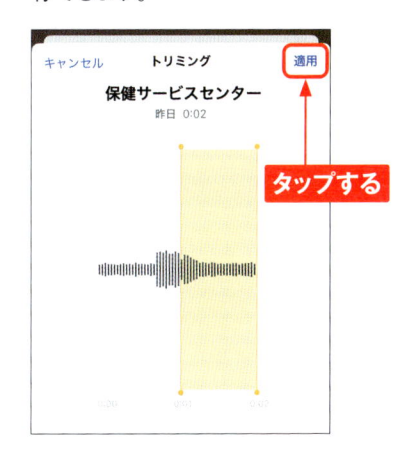

MEMO iPhone 16 Pro / Pro Maxでは、マルチトラックレコーディングが実装予定

iPhone 16 Pro / Pro Maxの「ボイスメモ」アプリには、すでに収録している音声にあとから音声を追加できる機能「マルチトラックレコーディング」の実装が予定されています。収録した複数のトラックはそれぞれ編集できます。

16	Plus	Pro	Pro Max

地図を利用する

Application

iPhoneでは、位置情報を取得して現在地周辺の地図を表示できます。地図の表示方法も航空写真を合わせたものなどに変更して利用できます。

現在地周辺の地図を見る

① ホーム画面で［マップ］をタップします。初回起動時は、画面の指示に従って操作します。

タップする

② 現在地が表示されていない場合は、🧭をタップします。

タップする

③ 現在地が青色の点で表示されます。地図を拡大表示したいときは、拡大したい場所を中心にピンチオープンします。画面の範囲外を見たいときは、ドラッグすると地図を移動できます。

ピンチオープンする

ドラッグする

MEMO **3Dマップ**

地図画面を2本指で上方向にドラッグすると、3Dマップが表示されます。［2D］をタップすると、もとの表示に戻ります。

⏻ 地図を利用する

●表示方法を切り替える

① 🗺️をタップします（アイコンは表示中の地図によって変化します）。

タップする

② ［航空写真］をタップします。

地図を選択

タップする

③ 地図情報と航空写真を重ねた画面が表示されます。もとに戻す場合は、手順②の画面を表示して、［詳細マップ］をタップします。

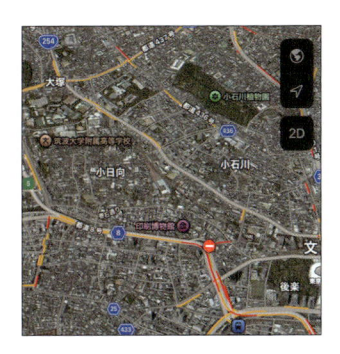

●建物の情報を表示する

① 建物やお店の名称をタップします。

タップする

② 建物やお店の名称、写真などが表示されます。表示部分を上方向にスワイプすると、詳細な情報が表示されます。 × をタップすると、表示が消えます。

タップする

7

🔘 経路を検索する

① ［マップで検索］をタップします。

② 場所の名前や住所を入力して、表示された検索候補をタップします。[Look Around] が表示されている場合はタップすると、周囲の状況を写真で確認できます。

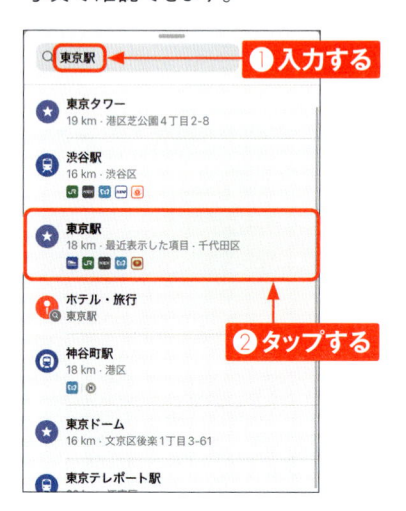

③ 検索した場所の詳細が表示されます。［経路］をタップします。

MEMO ICカードの
残高不足通知

Sec.48を参考に「ウォレット」アプリにSuicaなどのICカードを登録しておくと、経路を検索したときにICカードの残高が通知されます。なお、通知されるのは残高が不足している場合のみです。

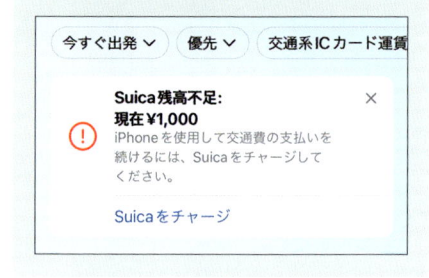

④ 現在地から目的地までの電車などの交通機関での経路が表示されます。出発地を変更する場合は［現在地］をタップして出発地を入力します。車や自転車を選択すると、経由地を追加できます。

⑤ ［出発］をタップします。

⑥ 現在位置と経路の詳細が表示されます。終了するときは × または ∧ →［経路を終了］の順にタップします。

MEMO Dynamic Islandの案内表示

手順⑥のあとにホーム画面を表示すると、目的地までの案内がDynamic Islandに表示されます。

⏻ オフラインマップをダウンロードする

① オフラインマップを使用したいエリアの、何もないところをタッチします。

タッチする

② [ダウンロード] をタップします。[ダウンロード] が表示されていない場合は、[さらに表示] → [ダウンロード] の順にタップします。

タップする

③ マップをドラッグして場所を調整し、枠をドラッグしてダウンロードするエリアを指定して、[ダウンロード] をタップします。

❶ドラッグする
❷ドラッグする
❸ タップする

④ オフラインマップのダウンロードが開始されます。 ✕ をタップします。ダウンロードが終了すると、通知が表示されます。

タップする

⏻ オフラインマップで地図を見る

1 画面右下のアカウントアイコンをタップします。

タップする

2 ［オフラインマップ］をタップします。

タップする

中村美咲
baseballflower02@icloud.com

- ⊙ ライブラリ　0
- ☁ オフラインマップ　1 >
- ⊕ 報告
- ⚙ 環境設定　交通機関 >

3 「オフラインマップのみを使用」のをタップして⬤にします。✕を2回タップします。

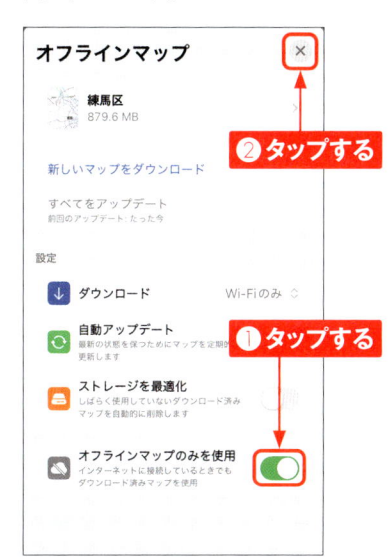

オフラインマップ　✕

練馬区
879.6 MB

②タップする

新しいマップをダウンロード

すべてをアップデート
前回のアップデート：たった今

設定

- ↓ ダウンロード　Wi-Fiのみ
- ⟳ 自動アップデート
  最新の状態を保つためにマップを定期的に更新します
- 🗄 ストレージを最適化
  しばらく使用していないダウンロード済みマップを自動的に削除します
- ☁ オフラインマップのみを使用
  インターネットに接続しているときでもダウンロード済みマップを使用

①タップする

4 オンラインでもオフラインマップが表示されるようになります。

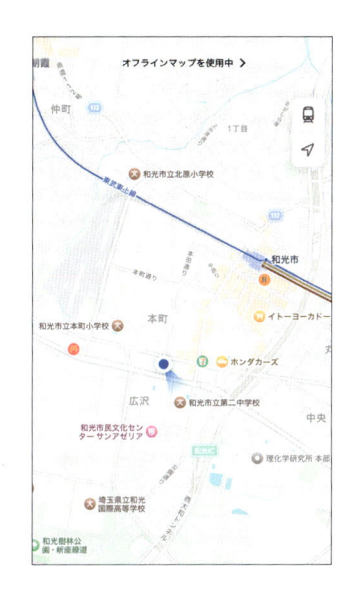

オフラインマップを使用中 >

7

191

ヘルスケアを利用する

Application

iPhoneでは、健康についての情報を「ヘルスケア」アプリに集約して管理することができます。また、Apple WatchやAirPodsと連携することでより多くのデータを収集できます。

自分に関する基本的な健康情報を登録する

① ホーム画面で［ヘルスケア］をタップします。初回起動時は、画面の指示に従って操作します。

② 名前や生年月日などを入力し、［次へ］をタップします。すべての情報を設定しなくても、あとから追加できます。

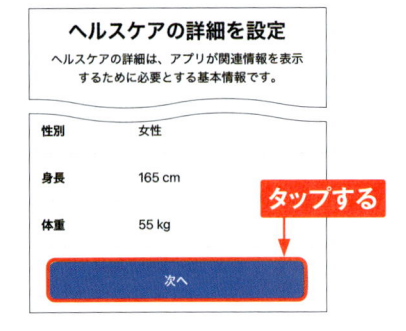

MEMO ヘルスケアの詳細を追加する

「ヘルスケア」アプリを起動します。身長や体重は［ブラウズ］→［身体測定値］の順にタップしてそれぞれ登録します。アカウントアイコン→［ヘルスケアの詳細］→［編集］の順にタップすると、血液型を登録できます。また、メディカルIDを登録すると、万が一の事故で自分がiPhoneを操作できない状況でもロック画面から重要な医療情報を伝えることができます。

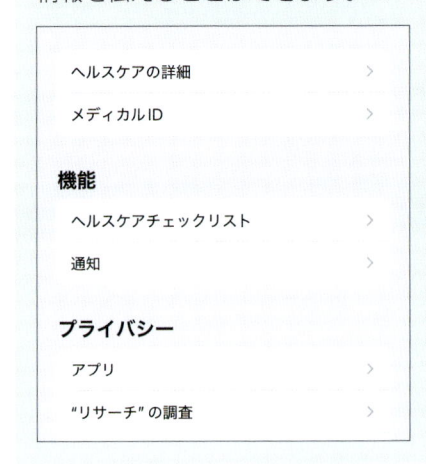

🔘「ヘルスケア」アプリでできること

「ヘルスケア」アプリには、自分の身体や健康に関するさまざまな情報を集約することができます。歩いた歩数や体重、心拍数、睡眠などの収集したデータは、「ヘルスケア」アプリで[ブラウズ]をタップして確認します。

また、栄養やフィットネスのサードパーティアプリや、Apple Watch、AirPods、体重計、血圧計などのデバイスと連携させてデータを収集することも可能です。

● 自動データ収集

iPhoneを持ち歩くだけで歩行データやAirPodsなどのヘッドフォンの音量、睡眠履歴を自動的に収集します。

● Apple Watchとの連携

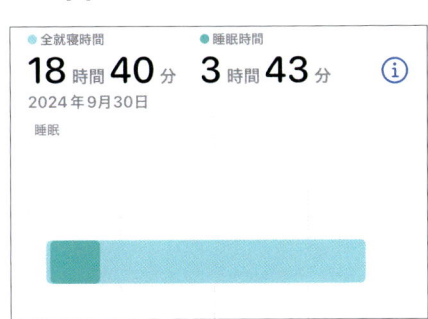

Apple Watchとペアリングすることで、睡眠中の呼吸数や心拍数を測定して、睡眠傾向のレポートを表示することができます。

● トレンド、ハイライト分析

長期間データを収集していると、心拍数、歩数、睡眠時間などのデータに大きな変化があったときに、トレンドとして表示されます。ハイライトには、最新のヘルスケアのデータが表示されます。

● ヘルスケアデータの共有

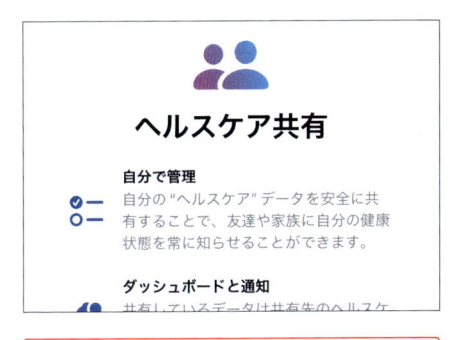

友達や家族など、「連絡先」アプリに登録されている人とヘルスケアデータを共有できます。共有することでアクティビティの急激な低下など、重大なトレンドの通知も共有されます。

| 16 | Plus | Pro | Pro Max |

Application

Apple Payで
タッチ決済を利用する

Apple Payは、Appleの提供する電子決済サービスです。Suicaやクレジットカードを登録しておくと、交通機関を利用するときや、店舗で買い物をするときにスムーズに支払いができます。

🔘「ウォレット」アプリにクレジットカードを登録する

① ホーム画面で［ウォレット］をタップします。

タップする

② ［追加］をタップします。初回起動時は、画面の案内に従って操作します。

タップする

交通系ICカード、クレジット、デビットまたはプリペイドカードを追加しましょう。 追加

③ ［クレジットカードなど］をタップします。

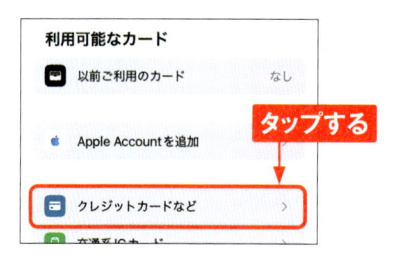

利用可能なカード

以前ご利用のカード　なし

Apple Accountを追加

タップする

クレジットカードなど　＞

④ ［続ける］をタップし、iPhoneのファインダーに登録したいカードを写します。

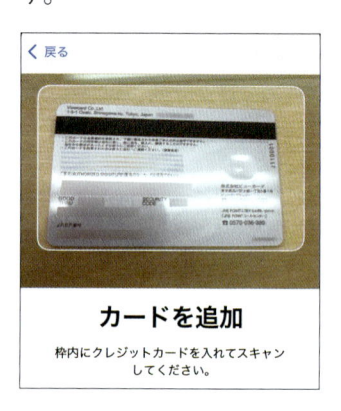

戻る

カードを追加

枠内にクレジットカードを入れてスキャンしてください。

⑤ 「カード詳細」画面で「名前」の欄をタップしてカードの名義を入力し、［次へ］をタップします。

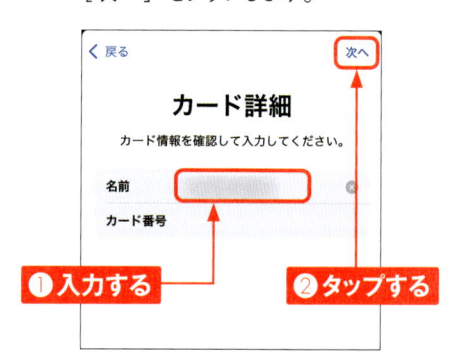

戻る　次へ

カード詳細

カード情報を確認して入力してください。

名前

カード番号

❶入力する　❷タップする

7

6 有効期限とセキュリティコードを入力して、[次へ] をタップします。

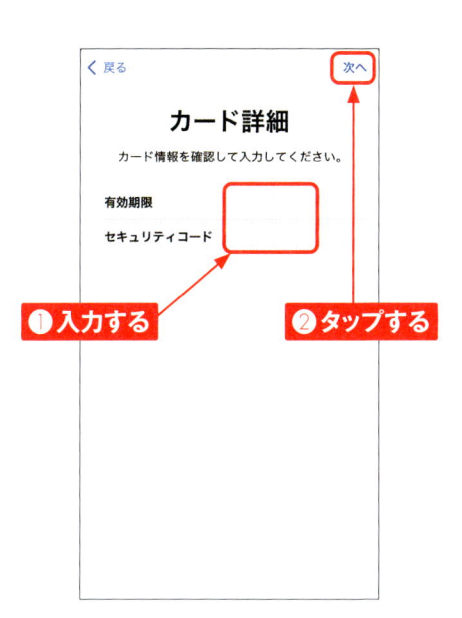

8 [完了] をタップします。

7 「利用規約」画面が表示されたら、内容を確認し、[同意する] をタップします。

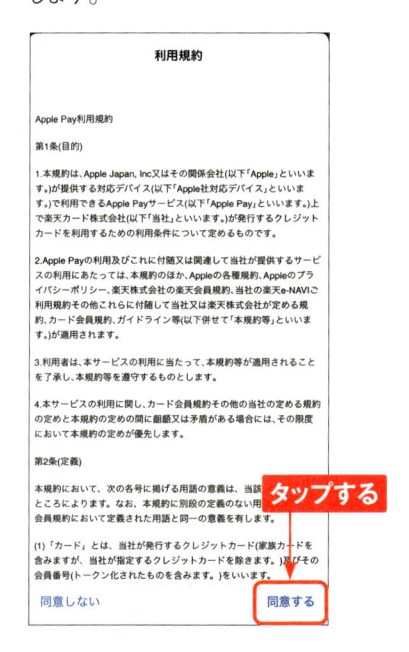

9 「カード認証」画面が表示されたら、画面の指示に従って認証を行います。

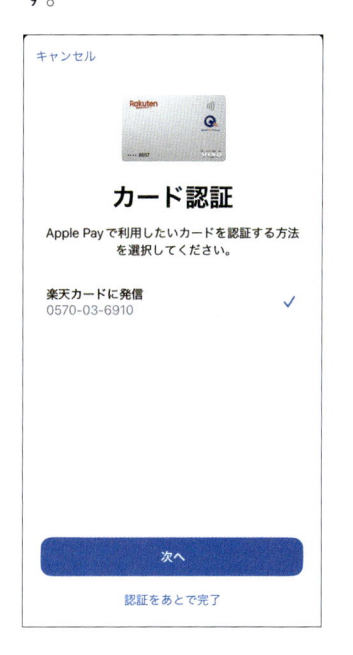

交通系ICカードを登録する

① ホーム画面から［ウォレット］をタップして、➕をタップします。

タップする

② ［交通系ICカード］をタップします。

タップする

③ 任意の交通系ICカード（ここでは［Suica］）→［続ける］の順にタップします。

タップする

④ Suicaにチャージする金額を設定し、［追加］→［同意する］の順にタップします。

タップする

⑤ サイドボタンを2回押して承認し、画面の指示に従ってSuicaを発行します。

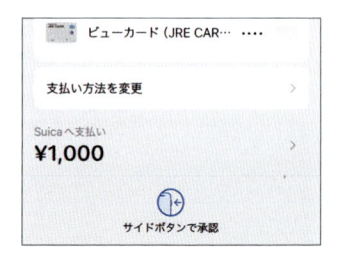

MEMO Suicaを取り込む

手元にあるSuicaを取り込みたい場合は、手順③のあとの画面で［お手持ちのカードを追加］をタップし、「Suica番号」と「生年月日」を入力して［次へ］をタップします。［同意する］をタップして、Suicaカードの上にiPhoneを置いて取り込みます。なお、この操作を行うと、手元のSuicaカードは無効になり、利用できなくなります。

⑥ ホーム画面で［ウォレット］をタップします。

⑦ チャージしたいSuicaをタップします。

⑧ ［チャージ］をタップします。

⑨ チャージしたい金額を入力して、［追加する］をタップし、画面の指示に従って操作します。

MEMO　現金でチャージする

現金でのSuicaへのチャージは、Suica加盟店の各種コンビニやスーパーのレジで行えます。店員にSuicaを現金でチャージしたいことを伝えましょう。また、一部の駅の券売機でも、現金でのチャージが可能です。

⏻ タッチ決済を行う

① iPhoneのサイドボタンを早く2回押します。

2回押す

② 支払うカードをタップして選択し、[パスコードで支払う] をタップします。

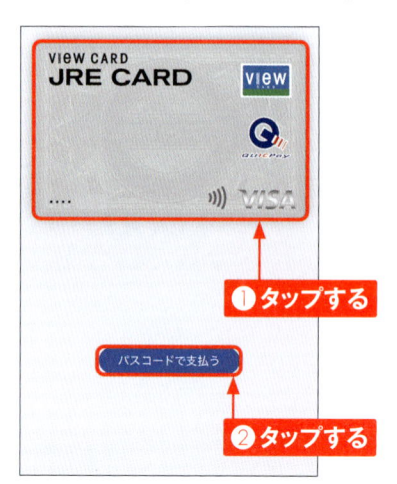

❶ タップする

❷ タップする

 MEMO Face IDで支払う

Face ID（P.256参照）を設定している場合、パスコードの代わりにFace IDで支払うこともできます。

③ パスコードを入力します。

入力する

④ 「リーダーにかざしてください」と表示されたら、決済端末に近づけて決済を行います。

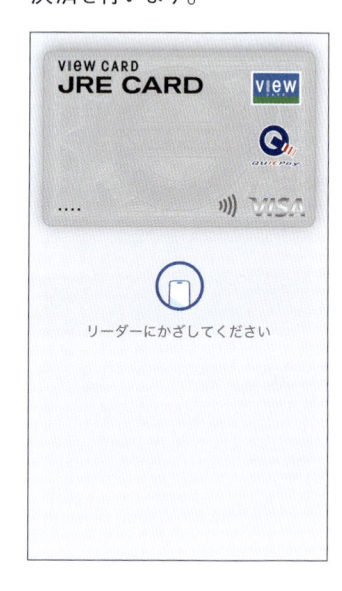

⏻ エクスプレスカードを設定する

1 ホーム画面から［ウォレット］をタップして、エクスプレスカードに設定したいカードをタップします。

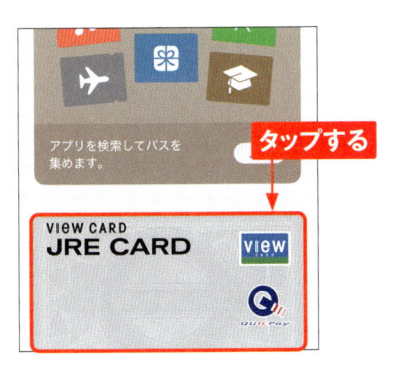

2 ⚬⚬⚬→［カードの詳細］の順にタップします。

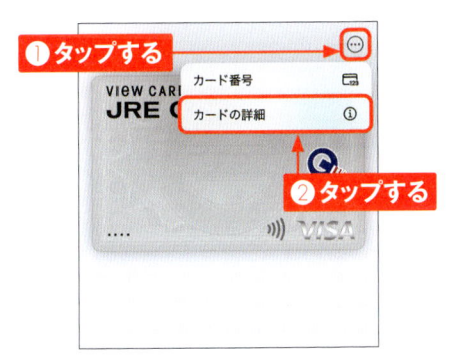

3 ［エクスプレスカード設定］をタップします。

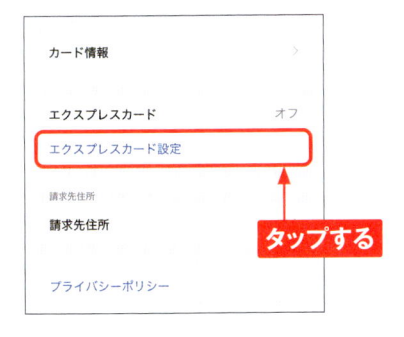

4 エクスプレスカードに設定したいカードをタップします。

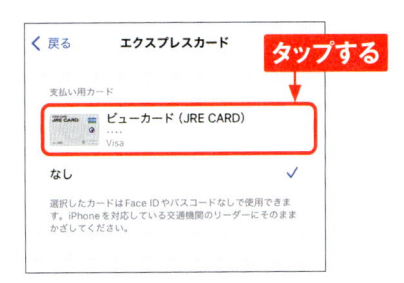

5 パスコードを入力またはFace IDで認証をします。

6 エクスプレスカードへの設定が完了します。

FaceTimeを利用する

Application

FaceTimeは、Appleが無料で提供している音声／ビデオ通話サービスです。iPhone
やiPad、パソコンやAndroidスマートフォンとの通話が可能です。

FaceTimeの設定を行う

① ホーム画面で[設定]をタップします。
なお、必要であればあらかじめ
Sec.18を参考に、Wi-Fiに接続し
ておきます。

タップする

② [アプリ] → [FaceTime] の順に
タップします。

タップする

③ 「FaceTime」が ◯ になっている
場合はタップして ◯ にします。

タップする

④ FaceTimeがオンになります。Apple
Accountにサインインしている場合
は自動的にApple Accountが設定
されます。

7

⑤ 「FACETIME着信用の連絡先情報」に電話番号と、Apple Accountのメールアドレスが表示されます。

⑥ 手順⑤の画面の「発信者番号」で、FaceTimeの発信先として利用したい電話番号かメールアドレスをタップして、チェックを付けます。

タップする

7

 MEMO **FaceTimeをWi-Fi接続時のみ利用する**

ホーム画面で［設定］→［モバイル通信］→［すべて表示］の順にタップし、「FaceTime」の○をタップして にすると、FaceTimeがWi-Fi接続時のみ利用できるように設定できます。

タップする

タップする

⏻ FaceTimeでビデオ通話する

① ホーム画面で［FaceTime］をタップします。

② ［新規FaceTime］をタップします。

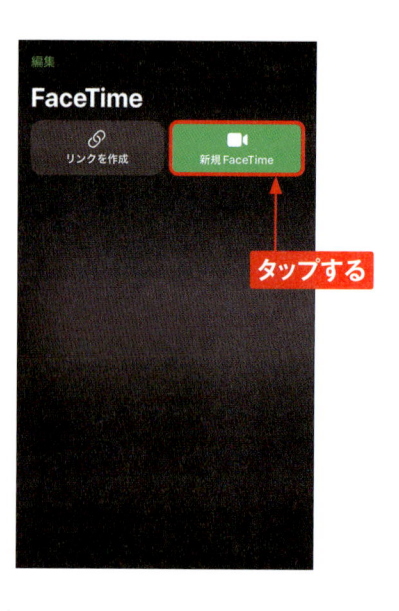

③ 名前の一部を入力すると、連絡先に登録されている人の中から、FaceTimeをオンにしている人が表示されます。FaceTimeでビデオ通話をしたい相手をタップし、［FaceTime］をタップします。

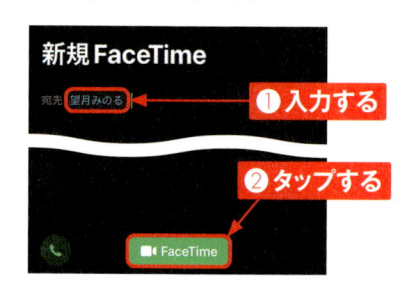

④ 呼び出し中の画面になります。相手が応答すると、通話が始まります。通話を終了するときは、⊗をタップします。

MEMO

FaceTimeで音声通話をする

FaceTimeで音声通話をするときは、手順③の画面で📞をタップします。

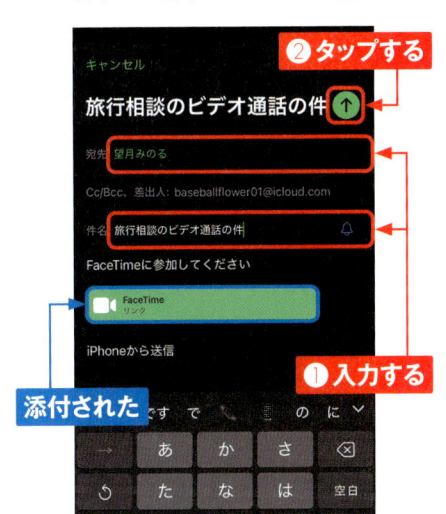 AndroidやWindowsとビデオ通話をする

1 P.202手順②の画面で［リンクを作成］をタップします。

2 リンクの送信方法を選択します。ここでは［メール］をタップします。

3 FaceTime通話へのリンクがメールに添付されるので、宛先や件名を入力し、🔼をタップして、ビデオ通話したい相手にメールを送信します。

4 相手がFaceTime参加の準備をして、手順①の画面で「今後の予定」欄の［FaceTimeリンク］→［参加］の順にタップすると、ビデオ通話を開始できます。

7

⏻ ビデオメッセージを残す

① 呼び出し相手が30秒応答しない場合、「〇〇さんは参加できません」と表示されます。[ビデオ収録]をタップします。

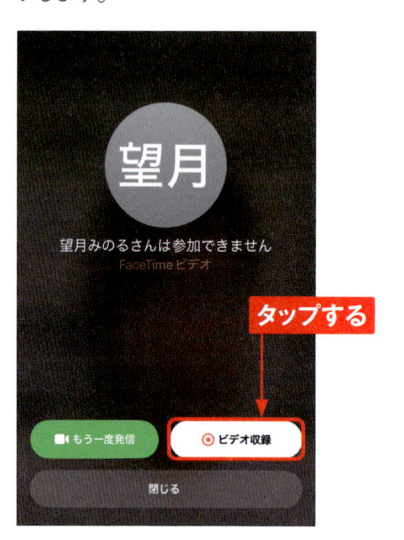

② ビデオ収録のカウントダウンが5秒前から開始します。

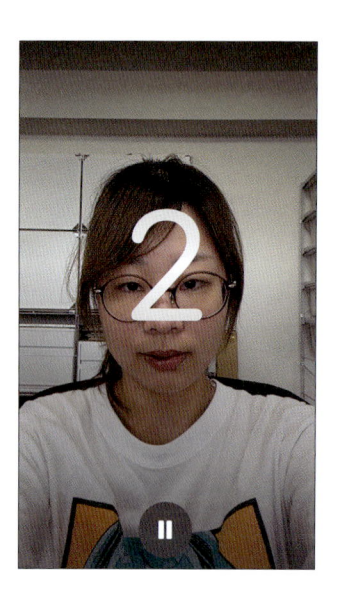

③ ◙をタップすると、ビデオ収録が終了します。

④ ⬆をタップすると、収録したビデオが相手に送信されます。

🔘 ビデオメッセージを確認する

1 ホーム画面でFaceTimeをタップします。

2 ビデオが送られてきていたら、相手の名前の下に[ビデオ]と表示されます。[ビデオ]をタップします。

3 ▶をタップします。

4 送信されたビデオが再生されます。

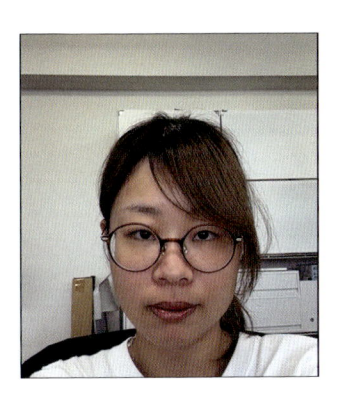

MEMO **ビデオメッセージの条件**

以下の条件を満たしていると、ビデオメッセージを受け取ることができます。

・「連絡先」アプリに登録している人
・電話を受けたことがある人
・Siriに提案された人

👾 背景をぼかしてビデオ通話をする

① FaceTimeのビデオ通話中の画面で自分のタイルをタップします。

② をタップします。

③ ポートレートモードがオンになり、背景にぼかしがかかります。

MEMO Dynamic Islandの表示

FaceTimeの着信時はDynamic Islandに着信操作の画面が表示されます。また、通話中にホーム画面を表示すると通話アイコンが表示され、タッチすると通話操作の画面が表示されます。

ⓤ FaceTimeの機能

FaceTimeでは、ビデオ通話の際にポートレートモードで背景をぼかすだけではなく、会話を楽しむためのさまざまな機能を利用できます。

● マイクのオン／オフ

ビデオ通話中にタップすることでマイクのオン／オフを切り替えられます。

● カメラのオン／オフ

ビデオ通話中にタップすることでカメラのオン／オフを切り替えられます。

● エフェクトの追加

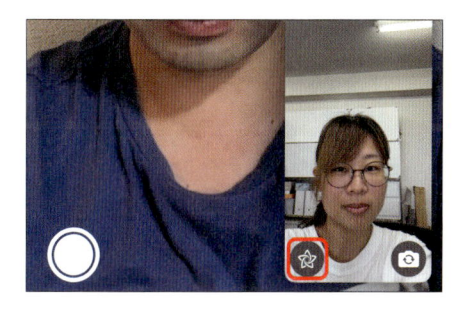

ステッカーやフィルターなどのエフェクトを自分の画面に追加できます。

● グループ通話

複数人を通話に招待すると、グループ通話を楽しめます。画面上のそれぞれの位置から声が聞こえるように感じられます。

● 周囲の音を除去

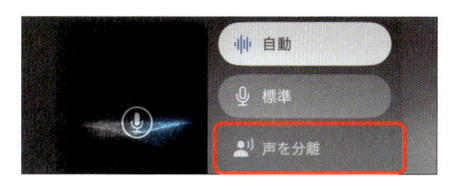

通話中にコントロールセンターで[Facetimeコントロール] → [声を分離]の順にタップすると、周囲の音を遮断でき、自分の声が相手にはっきり聞こえるようになります。

● 周囲の音を含める

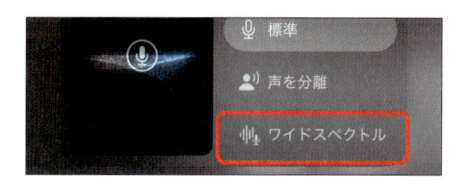

通話中にコントロールセンターで[Facetimeコントロール] → [ワイドスペクトル]の順にタップすると自分の声だけでなく、周囲の音をすべて含めて通話できます。

16　Plus　Pro　Pro Max

AirDropを利用する

Application

AirDropを使うと、AirDrop機能を持つ端末どうしで、近くにいる人とかんたんにファイルをやりとりすることができます。写真や動画などを目の前の人にすばやく送りたいときに便利です。

⚙ AirDropでできること

すぐ近くの相手と写真や動画などさまざまなデータをやりとりしたい場合は、AirDropを利用すると便利です。AirDropを利用するには、互いにWi-FiとBluetoothを利用できるようにし、受信側がAirDropを［連絡先のみ］、もしくは［すべての人］に設定する必要があります。見知らぬ人からAirDropで写真を送りつけられることを防ぐために、普段はAirDropの設定を［連絡先のみ］、または［受信しない］にしておくとよいでしょう。

AirDropでは、写真や動画のほか、連絡先、閲覧しているWebサイトなどがやりとりできます。対象機種はiPhone、iPadとMacです。

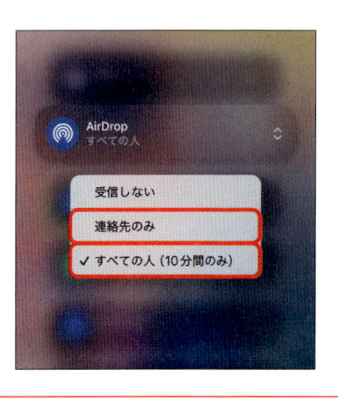

送信側、受信側ともに、あらかじめ画面右上を下方向にスワイプしてコントロールセンターを開き、左上にまとめられているコントロールをタッチします。図のような画面が表示されるので、Wi-FiとBluetoothがオフの場合は、タップしてオンにします。受信側は、「AirDrop」が［受信しない］の場合は、タップします。

［すべての人（10分間のみ）］をタップすると周囲のすべての人が、［連絡先のみ］をタップすると連絡先に登録されている人のみが自分のiPhoneを検出できるようになります（iCloudへのサインインが必要）。AirDropの利用が終わったら、再度この画面を表示して［受信しない］をタップしましょう。

📱 AirDropで写真を送信する

1 ホーム画面で[写真]をタップします。

2 送信したい写真を表示して、⬆をタップします。

3 [AirDrop] をタップします。

4 送信先の相手が表示されたらタップします。なお、送信先の端末がスリープのときは、表示されません。送信先の端末で [受け入れる] をタップすると、写真が相手に送信されます。

| 16 | Plus | Pro | Pro Max |

ショートカットでよく使う機能を自動化する

Application

ショートカットは、指定した複数の機能や操作を自動で行ってくれる機能です。「ショートカット」アプリでサンプルのショートカットを使用できるほか、オリジナルのショートカットを作成することも可能です。

ショートカットとは

ショートカットを使用すると、決まった時間や場所で特定のアプリや操作を自動で実行したり、複数のアプリや操作を一度にまとめて行ったりすることができます。まずは、「ショートカット」アプリに用意されているサンプルのショートカットを使って試してみましょう。よく使うショートカットはウィジェットに登録することもできます。また、iPhoneを使い込むことで、よく使うアプリや操作をもとにしたショートカットが提案されます。

「ギャラリー」タブには、あらかじめサンプルのショートカットが多数用意されています。

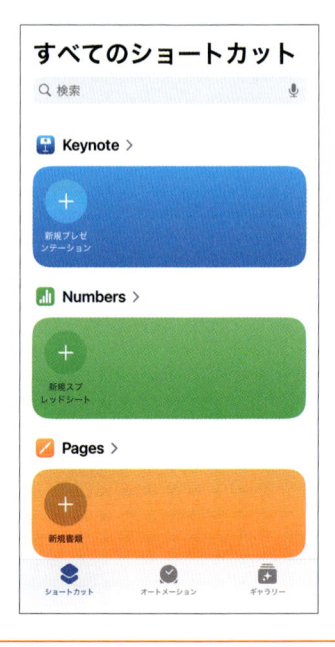

作成したショートカットは、「ショートカット」タブの「すべてのショートカット」画面から実行できます。

⚙ ショートカットを設定する

1 ホーム画面で［ユーティリティ］→［ショートカット］の順にタップしてアプリを起動し、［続ける］をタップします。

2 ［ギャラリー］をタップします。

3 画面を上方向にスワイプして、設定したいショートカット（ここでは［テキストをオーディオに変換］）をタップします。

4 ［ショートカットを追加］をタップします。

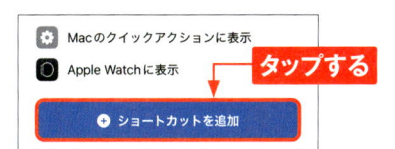

5 ［ショートカット］をタップすると、「すべてのショートカット」画面にショートカットが追加されます。タップすることで、ショートカットが利用できます。

 MEMO オリジナルのショートカットを作成する

オリジナルのショートカットを作成するには、「すべてのショートカット」画面右上の＋をタップし、［アクションを追加］をタップします。「お使いのアプリからの提案」によく使うアプリや操作が表示されているので、タップして［完了］をタップすると、「すべてのショートカット」画面にショートカットが作成されます。

| 16 | Plus | Pro | Pro Max |

Application

音声でiPhoneを操作する

音声でiPhoneを操作できる機能「Siri」を使ってみましょう。iPhoneに向かって操作してほしいことを話しかけると、内容に合わせた返答や操作をしてくれます。

Siriを使ってできること

SiriはiPhoneに搭載された人工知能アシスタントです。サイドボタンを長押ししてSiriを起動し、Siriに向かって話しかけると、リマインダーの設定や周囲のレストランの検索、流れている音楽の曲名を表示してくれるなど、さまざまな用事をこなしてくれます。「Hey Siri」機能をオンにすれば、iPhoneに「Hey Siri」（ヘイシリ）と話しかけるだけでSiriを起動できるようになります。アプリを利用するタイミングなどを学習して、次に行うことを予測し、さまざまな提案を行ってくれます。なお、iOS 17からは米国や英国、カナダ、豪州の英語圏限定で「Siri」と話しかけるだけで起動するようになりました（2024年9月現在日本未対応）。

「Hey Siri」機能をオンにする際に、自分の声だけを認識するように設定できます。

「Siriからの提案」では、使用者の行動を予想し、使う時間帯や場所に合わせたアプリなどを表示してくれます。

Siriに「英語に翻訳して」と話しかけ、翻訳してほしい言葉を話すと、英語に翻訳してくれます。

聴いている曲の曲名がわからない場合は、Siriに「曲名を教えて」と話しかけ、曲を聴かせると曲名を教えてくれます。

⏻ Siriの設定を確認する

① ホーム画面で[設定]をタップします。

② [Siri] をタップします。

③ [Siriに話しかける] をタップします。

④ 「サイドボタンを押してSiriを使用」が になっている場合はタップして、[Siriを有効にする] をタップし、Siriの声を選択して、[次へ] → [今はしない] →〈の順にタップします。

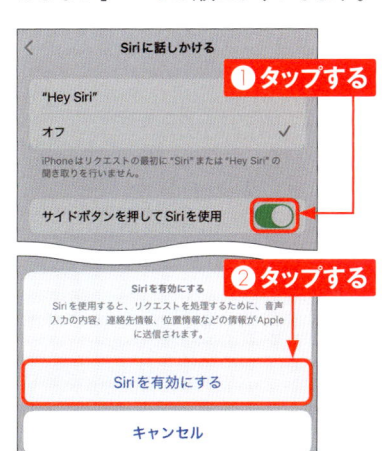

MEMO Siriの位置情報をオンにする

現在地の天気を調べるなど、Siriで位置情報に関連した機能を利用する場合は、ホーム画面で[設定] → [プライバシーとセキュリティ] → [位置情報サービス] の順にタップします。[Siri]をタップして、[このアプリの使用中] をタップしてチェックを付けます。

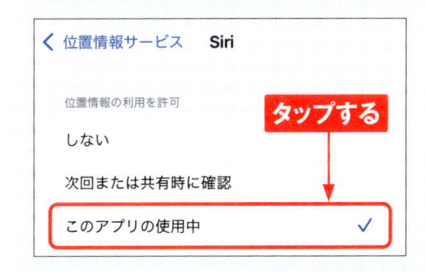

⏻ Siriの利用を開始する

① サイドボタンを長押しします。

長押しする

② Siriが起動するので、iPhoneに操作してほしいことを話しかけます。ここでは例として、「午前8時に起こして」と話してみます。

③ アラームが午前8時に設定されました。終了するにはサイドボタンを押します。

押す

MEMO 話しかけてSiriを呼び出す

Siriをオンにして、P.213手順③のあとの画面で［˝Hey Siri˝］の ◯ をタップして、［続ける］をタップし、画面の指示に従って数回iPhoneに向かって話しかけます。最後に［完了］をタップすれば、サイドボタンを押さずに「Hey Siri」と話しかけるだけで、Siriを呼び出すことができるようになります。なお、この方法であれば、iPhoneがスリープ状態でも、話しかけるだけでSiriを利用できます。

"Hey Siri" を設定

"Hey Siri" と話しかけたときに、
Siriがあなたの声を認識します。

Chapter **8**

iCloudを活用する

Application

iCloudでできること

iCloudとは、Appleが提供するクラウドサービスです。メール、連絡先、カレンダーなどのデータをiCloudに保存したり、ほかのデバイスと同期したりできます。

インターネットの保管庫にデータを預けるiCloud

iCloudは、Appleが提供しているクラウドサービスです。クラウドとはインターネット上の保管庫のようなもので、iPhoneに保存しているさまざまなデータを預けておくことができます。またiCloudは、iPhone以外にもiPad、Mac、Windowsパソコンにも対応しており、それぞれの端末で登録したデータを、互いに共有することができます。なお、iCloudは無料で5GBまで利用できますが、有料プランのiCloud+では、月額130円で50GB、月額400円で200GB、月額1,300円で2TB、月額3,900円で6TB、月額7,900円で12TBまでの追加容量と専用の機能を利用できます。Apple Music、Apple TV+、Apple Arcade、iCloud+をまとめて購入できるApple Oneの場合は、月額1,200円の個人プランで50GB、月額1,980円のファミリープランで200GBの容量を利用できます。

●iCloudのしくみ

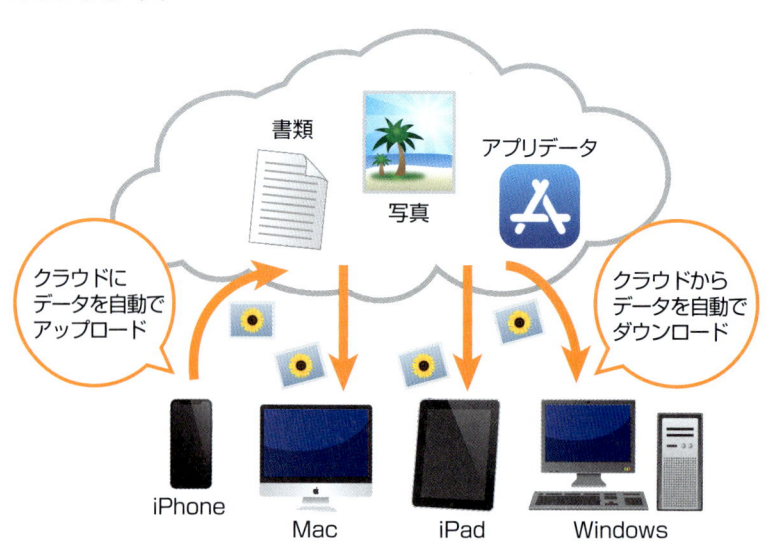

🔄 iCloudで共有できるデータ

iPhoneにiCloudのアカウントを設定すると、メール、連絡先、カレンダーやSafariのブックマークなど、さまざまなデータを自動的に保存してくれます。また、「@icloud.com」というiCloud用のメールアドレスを取得できます。

さらに、App StoreからiCloudに対応したアプリをインストールすると、アプリの各種データをiCloud上で共有できます。

● iCloudの設定画面

カレンダーやメール、連絡先をiCloudで共有すれば、ほかの端末で更新したデータがすぐにiPhoneに反映されるようになります。

● 「探す」機能

「探す」機能を利用すると、万が一の紛失時にも、iPhoneの現在位置をパソコンで確認したり、リモートで通知を表示させたりできます。

 MEMO iCloud（無料）で利用できる機能

iPhoneでは、iCloudの下記の機能が利用できます。

- ・iCloud Drive
- ・データの同期
- ・探す
- ・ファミリー共有

- ・iCloudメール（@icloud.com）
- ・パスワードとキーチェーン
- ・iCloud写真

16 　 Plus 　 Pro 　 Pro Max

Application

iCloudに
バックアップする

iPhoneは、パソコンと同期する際（WindowsはiTunesが必要）に、パソコン上に自動でバックアップを作成します。このバックアップをパソコンのかわりにiCloud上に作成することも可能です。

iCloudバックアップをオンにする

1 ホーム画面で［設定］→自分の名前の順にタップして、［iCloud］をタップします。

2 ［iCloudバックアップ］をタップします。

3 「バックアップ」画面が表示されるので、「このiPhoneをバックアップ」が●になっていることを確認します。「このiPhoneをバックアップ」が○になっている場合はタップします。

4 「このiPhoneをバックアップ」が●になりました。以降は、P.219 MEMOの条件を満たせば、自動でバックアップが行われるようになります。

⏻ iCloudにバックアップを作成する

① 手動でiCloudにバックアップを作成したいときは、Wi-Fiに接続した状態で、「バックアップ」画面を表示し、[今すぐバックアップを作成] をタップします。

② バックアップが作成されます。バックアップの作成を中止したいときは、[バックアップの作成をキャンセル] をタップします。

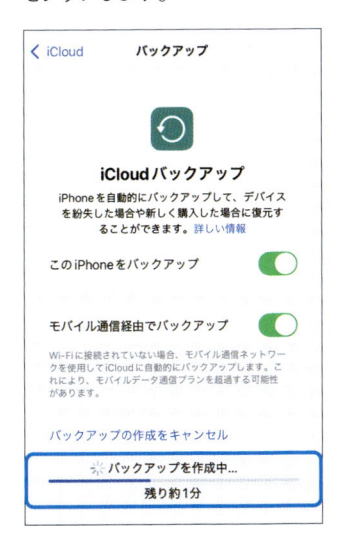

③ バックアップの作成が完了しました。前回iCloudバックアップが行われた日時が表示されます。

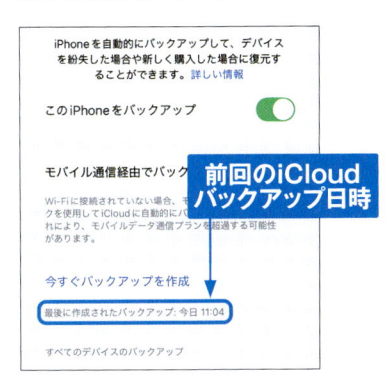

前回のiCloud
バックアップ日時

MEMO 自動バックアップが行われる条件

自動でiCloudにバックアップが行われる条件は以下のとおりです。ただし、手順①の画面で、「モバイル通信経由でバックアップ」の項目が ⬤ になっていると、Wi-Fiに接続していなくても、モバイル通信でバックアップされるので、にしておきましょう。

・電源に接続している
・ロックしている
・Wi-Fiに接続している

なお、バックアップの対象となるデータは、写真やデータ、設定などです。アプリ本体などはバックアップされませんが、復元後、自動的にiPhoneにダウンロードされます。

16　Plus　Pro　Pro Max

iCloudの同期項目を設定する

Application

カレンダーやリマインダーはiCloudと同期し、連絡先はiCloudと同期しないといったように、iCloudでは、個々の項目を同期するかしないかを選択することができます。

iPhoneのiCloudの同期設定を変更する

●同期をオフにする

① P.218手順①を参考に「iCloud」画面を表示して、「iCloudに保存済み」の［すべて見る］をタップし、iCloudと同期したくない項目の⬤をタップして◯ にします。ここでは、「Safari」の⬤をタップします。

② 以前同期したiCloudのデータを削除するかどうか確認されます。iCloudのデータをiPhoneに残したくない場合は、［iPhoneから削除］をタップします。

●同期をオンにする

① iCloudと同期したい項目の◯ をタップして、⬤にします。ここでは「連絡先」の◯ をタップします。「オン」または「オフ」と表示されている項目は、タップして、［このiPhoneを同期］をタップします。

② 連絡先に既存のデータがある場合は、iCloudのデータと結合してよいか確認するメニューが表示されます。［結合］をタップします。

8

| 16 | Plus | Pro | Pro Max |

Application

iCloud写真や
iCloud共有アルバムを利用する

「iCloud写真」は、撮影した写真や動画を自動的にiCloudに保存するサービスです。保存された写真はほかの端末などからも閲覧できます。また、写真を友だちと共有する「iCloud共有アルバム」機能もあります。

iCloudを利用した写真の機能

iCloudを利用した写真の機能には、大きく分けて次の2つがあります。

● 写真の自動保存

「iCloud写真」機能により、iPhoneで撮影した写真や動画を自動的にiCloudに保存します。保存された写真は、ほかの端末やパソコンなどからも閲覧することができます。初期設定では有効になっており、iCloudストレージの容量がいっぱいになるまで（無料プランでは5GB）保存できます。

● 写真の共有

「iCloud共有アルバム」機能により、「写真」アプリで作成したアルバムを友だちと共有して閲覧してもらうことができます。この場合、iCloudのストレージは消費しません。

MEMO **iCloudストレージの容量を買い足す**

iCloud写真で写真やビデオをiCloudに保存していると、無料の5GBの容量はあっという間にいっぱいになってしまいます。有料プランのiCloud+で容量を増やすには、P.218手順②の画面で［iCloud+にアップグレード］をタップして、「50GB」「200GB」「2TB」「6TB」「12TB」のいずれかのプランを選択します。

8

⏻ 設定を確認する

① P.218手順①を参考に「iCloud」画面を表示し、[写真] をタップします。

② 「このiPhoneを同期」と「共有アルバム」が ◯ になっていることを確認します。iCloud写真を無効にしたい場合は、「このiPhoneを同期」の ◯ をタップします。

③ iCloud写真のコピーをダウンロードするかどうか確認されます。iCloudのデータをiPhoneに残したくない場合は、[iPhoneから削除]→[iPhoneから削除] の順にタップします。

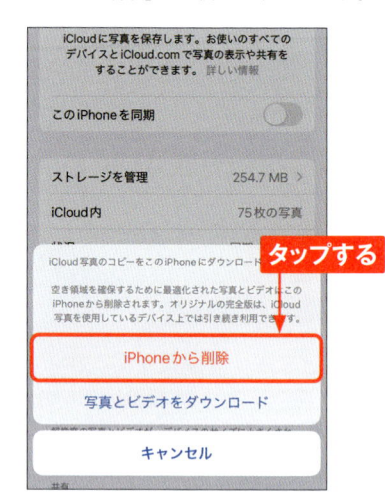

④ iCloud写真が無効になり、自動で保存されないようになります。

⏻ 友だちと写真を共有する

① 「写真」アプリを起動して、「共有アルバム」の[作成]をタップします。

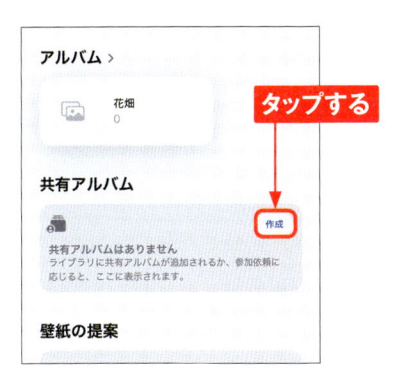

② アルバム名を入力し、[参加を依頼]をタップします。

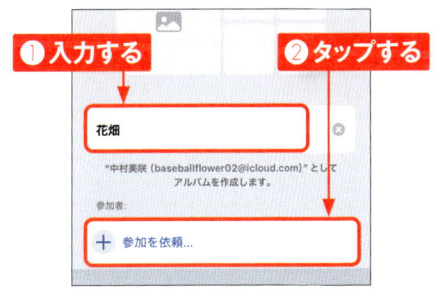

③ 写真を共有したい相手のアドレスを入力し、[完了] → [完了] の順にタップします。

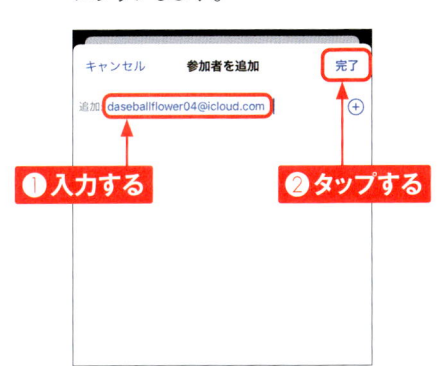

④ 「写真」アプリを起動すると作成された共有アルバムが確認できます。

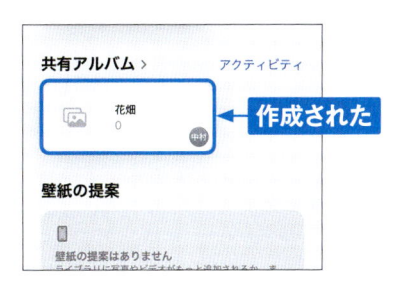

⑤ 共有先の相手にはこのようなメールが届きます。メールに記載されている[参加する]をタップすると、以降は相手も閲覧できるようになります。

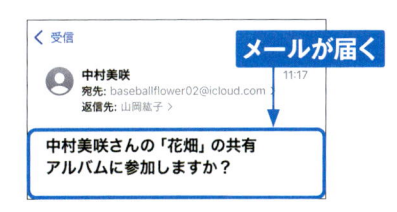

8

MEMO 共有アルバムに写真を追加する

手順④の画面で、作成した共有アルバムをタップし、+をタップします。追加したい写真をタップして[完了] → [投稿] の順にタップすると、写真が追加されます。

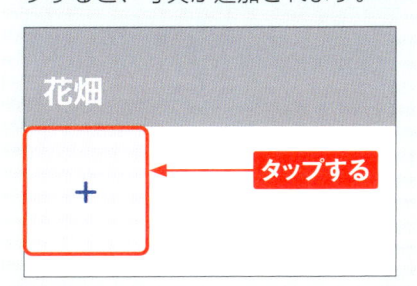

iPhoneを探す

Application

iCloudの「探す」機能で、iPhoneから警告音を鳴らしたり、遠隔操作でパスコードを設定したり、メッセージを表示したりすることができます。万が一に備えて、確認しておきましょう。

iPhoneから警告音を鳴らす

1 パソコンのWebブラウザでiCloud（https://www.icloud.com/）にアクセスし、[サインイン]をクリックします。iPhoneに設定しているApple Account（旧Apple ID）を入力し、⊕をクリックします。

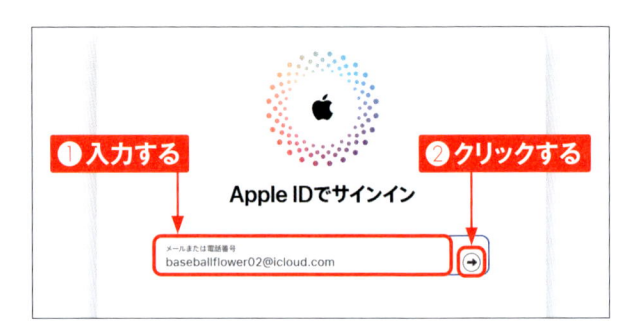

2 パスワードを入力し、⊕をクリックします。

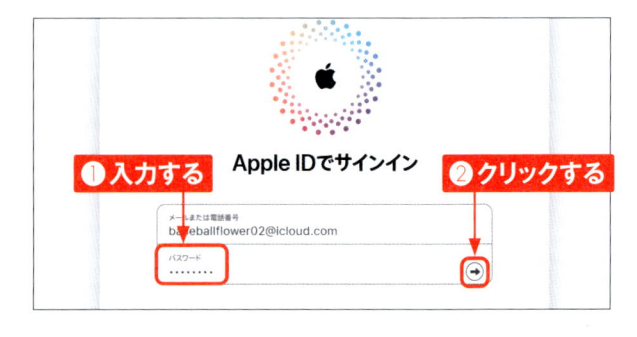

3 [デバイスを探す]をクリックします。

④ iPhoneの位置が円で表示されます。「あなたのデバイス」のデバイスをクリックします。

⑤ [サウンド再生] をクリックすると、iPhoneから警告音が鳴ります。

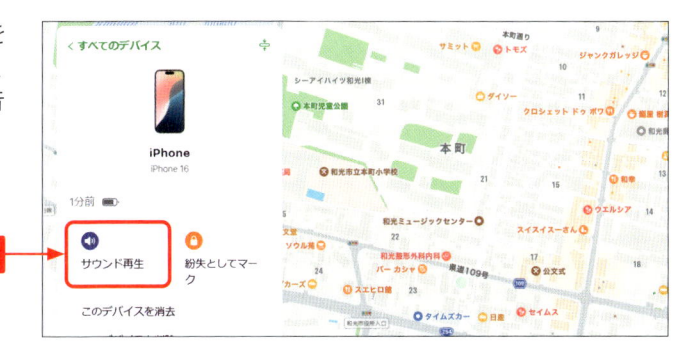

⑥ iPhoneの画面にメッセージが表示されます。

MEMO 最後の位置情報を送信する

iPhoneの「探す」機能は、標準でオンになっています。[設定] →自分の名前→ [探す] → [iPhoneを探す] の順にタップして「最後の位置情報を送信」をオンにすると、バッテリーが切れる少し前に、iPhoneの位置情報が自動で、Appleのサーバーに送信されます。そのためバッテリーがなくなって電源がオフになる寸前に、iPhoneがどこにあったかを知ることができます。また、「"探す"ネットワーク」をオンにすると、オフラインのiPhoneを探すことができ、電源オフになっていたり（最大24時間）、データが消去されてしまったりした端末でも探せます。

紛失モードを設定する

(1) P.225手順⑤の画面で［紛失としてマーク］をクリックします。

(2) ［次へ］をクリックし、iPhoneにパスコードを設定していない場合は、パスコードを2回入力します。

(3) iPhoneの画面に表示する任意の電話番号を入力し、［次へ］をクリックします。

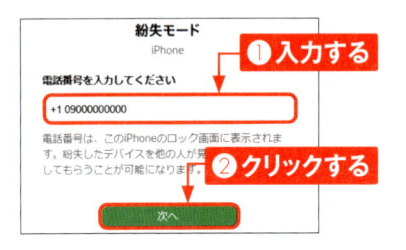

(4) 電話番号と一緒に表示するメッセージを入力し、［有効にする］をクリックすると、紛失モードが設定されます。

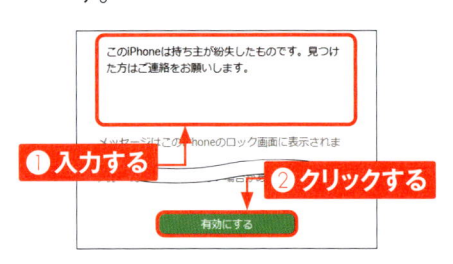

(5) iPhoneの画面に、入力した電話番号とメッセージが表示されます。［電話］をタップすると、入力した電話番号に発信できます。画面下部から上方向にスワイプすると、パスコードの入力画面が表示されます。手順②で設定したパスコードを入力してロックを解除すると、紛失モードの設定も解除されます。

 **MEMO｜盗難デバイスの保護**

本体が自宅や職場などよく知っている場所から離れている場合、一部の機能の利用やApple Accountのパスワードの変更の後に生体認証が要求されるようになる「盗難デバイスの保護」機能が利用できます。「盗難デバイスの保護」機能は標準ではオフですが、「設定」アプリで、［プライバシーとセキュリティ］をタップし、［盗難デバイスの保護］をタップします。［盗難デバイスの保護］をタップして、⬤にすると、オンになります。

Chapter **9**

iPhoneを
もっと使いやすくする

| 16 | Plus | Pro | Pro Max |

OS・Hardware

ホーム画面を カスタマイズする

アイコンの移動やフォルダによる整理を行うと、ホーム画面が利用しやすくなります。ウィジェットやアプリライブラリを活用すると、より便利に使えるように工夫することができます。

アプリアイコンを移動する

1 ホーム画面の何もないところをタッチします。

タッチする

2 アイコンが細かく揺れ始めるので、移動させたいアイコンをほかのアイコンの間までドラッグします。

ドラッグする

MEMO アイコンを自由に配置する

今まではアイコンは上と左に詰めて配置されていましたが、iOS 18では自由に配置することができます。

3 画面から指を離すと、アイコンが移動します。Dockのアイコンをドラッグしてアイコンを入れ替えることもできます。画面右上の［完了］をタップすると、変更が確定します。

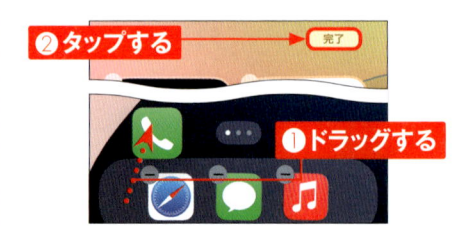

②タップする　完了
①ドラッグする

MEMO ほかのページに移動する

ホーム画面のほかのページに移動する場合は、移動したいアイコンをタッチし、画面の端までドラッグすると、ページが切り替わります。アイコンを配置したいページで指を離すとアイコンが移動するので、画面右上の［完了］をタップして確定します。

ドラッグする

9

⏻ フォルダを作成する

① ホーム画面でフォルダに入れたいアプリのアイコンをタッチし、表示されるメニューで［ホーム画面を編集］をタップします。

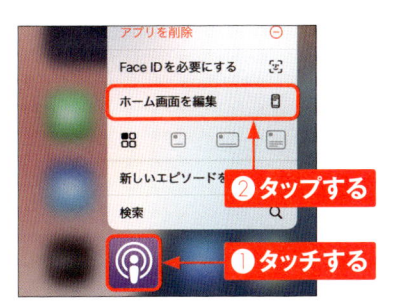

② 同じフォルダに入れたいアプリのアイコンの上にドラッグし、画面から指を離すとフォルダが作成され、両アプリのアイコンがフォルダ内に移動します。

③ フォルダ名は好きな名前に変更できます。フォルダをタップして開き、名前欄をタップして入力し、［完了］（または［Done］）をタップします。

④ フォルダの外をタップし、画面右上の［完了］をタップすると、ホーム画面の変更が保存できます。

MEMO

アイコンを
フォルダの外に移動する

アイコンをフォルダの外に移動するときは、移動したいアプリのアイコンをタッチします。表示されるメニューで［ホーム画面を編集］をタップして、アイコンをフォルダの外までドラッグしたら、画面右上の［完了］をタップします。フォルダ内のすべてのアイコンを外に移動すると、フォルダが消えます。

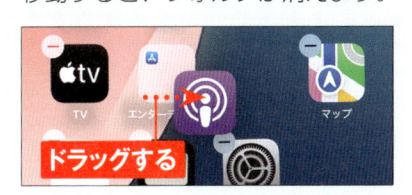

🔘 ウィジェットをホーム画面に追加する

① ホーム画面の何もないところをタッチ します。

② 画面左上の［編集］→［ウィジェット を追加］の順にタップします。

③ 追加したいウィジェット（ここでは、 ［ミュージック］）をタップします。

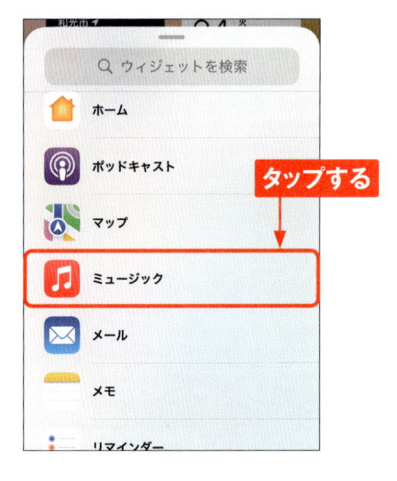

④ 画面を左右にスワイプして追加する ウィジェットのサイズを選択し、［ウィ ジェットを追加］をタップします。

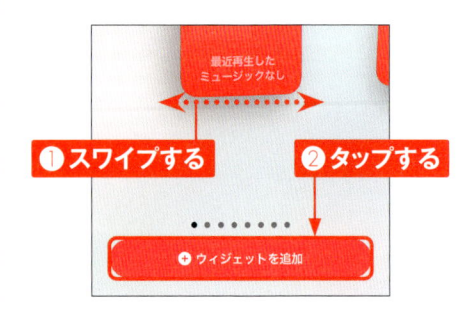

⑤ ホーム画面にウィジェットが追加され、 ドラッグして移動できます。画面右 上の［完了］をタップしてホーム画 面を保存します。

MEMO ウィジェットの サイズ変更

手順⑤の画面で、ウィジェットの 右下に表示されているをドラッ グすることで、ウィジェットのサ イズを変更することができます。

ⓤ スマートスタックを利用する

● ウィジェットを切り替える

① スマートスタックは複数のウィジェットをまとめ、切り替えて表示できる機能です。P.24手順②の画面を表示し、スマートスタックを上下にスワイプします。

② 下方向にスワイプすると1つ前、上方向にスワイプすると次のウィジェットが表示されます。

MEMO　スマートローテーション

右の手順②の画面で、「スマートローテーション」がオンになっていると、時間帯などによって表示されるウィジェットが自動で切り替わります。

● スマートスタックを編集する

① スマートスタックをタッチし、表示されるメニューで［スタックを編集］をタップします。

② ウィジェットをタッチして、上下にドラッグすると、ウィジェットの順番を変えられます。ウィジェットの⊖をタップするとスマートスタックからウィジェットを削除できます。　＋ をタップすると、ウィジェットを追加できます。

9

⏻ アイコンをカスタマイズする

① ホーム画面の何もないところをタッチします。

タッチする

② ［編集］をタップします。

タップする

③ ［カスタマイズ］をタップします。

タップする

④ 画面下部にカスタマイズが表示されます。［大］をタップすると、アイコンが拡大されます。

タップする

9

5 下のカラー（ここでは［ダーク］）をタップすると、アイコンの色合いが変わります。

6 ［色合い調整］をタップして、スライダーを左右にドラッグすることで、より詳細に色合いを変更することができます。

7 ☀をタップするとアイコン以外の画面が暗くなり、☀をタップすると明るくなります。

8 ［ライト］をタップすると、アイコンのカラーがもとに戻ります。

9

🔘 アプリライブラリを利用する

● 自動分類

ホーム画面の右端にあるアプリライブラリでは、iPhoneにインストールされているすべてのアプリがカテゴリごとに自動分類されています。各カテゴリには、よく使うアプリが表示され、タップして起動できます。複数の小さなアプリアイコンが表示されている場合は、小さなアプリアイコンをタップすることでカテゴリが展開されます。

● 検索

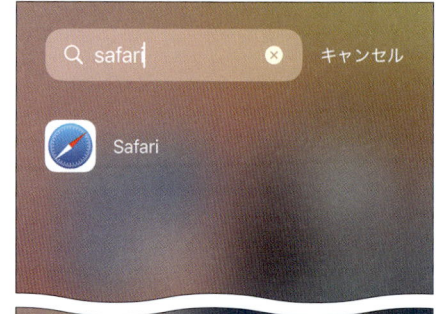

「アプリライブラリ」画面上部の検索欄にアプリ名を入力し、キーボードの［go］または［検索］をタップすると、iPhoneにインストールされているすべてのアプリを検索できます。

● 提案

「提案」には、すべてのアプリの中で使用頻度に応じて使う可能性が高いアプリが表示されます。

● 最近追加した項目

「最近追加した項目」には、直近にインストールしたアプリが表示されます。

⏻ ホーム画面を非表示にする

① ホーム画面の何もないところをタッチし、画面下部に並んでいる丸印をタップします。

② 非表示にしたいホーム画面の☑をタップして🚫にします。なお、ホーム画面をタッチしてドラッグすることで、順番を入れ替えることができます。

③ 画面右上の［完了］をタップしてホーム画面を保存します。次の画面で［OK］をタップします。

MEMO ### 新しいアプリのダウンロード先を変更する

ホーム画面を非表示にすると、新しいアプリをダウンロードしたときにアプリアイコンがホーム画面に追加されなくなり、アプリライブラリから起動する必要があります。新しいアプリをホーム画面に追加する設定に戻すには、ホーム画面で［設定］→［ホーム画面とアプリライブラリ］の順にタップし、［ホーム画面に追加］をタップして選択します。

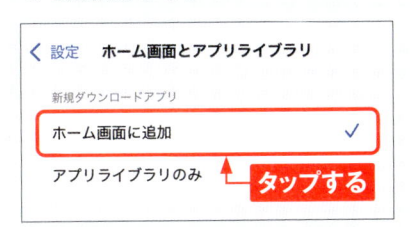

9

ロック画面を
カスタマイズする

Application

ロック画面にウィジェットを表示したり、時計の表示を変更したりカスタマイズすることができます。また複数のロック画面をかんたんに切り替えることもできます。

新しいロック画面を追加する

1 ロック画面を表示して、タッチします。Face IDなどを設定している場合はロックを解除します（P.259参照）。

9月24日 火曜日
14:47

タッチする

2 ＋をタップします。

タップする

カスタマイズ

3 設定する壁紙のサムネイルをタップします。

おすすめ

9:41　9:41　9:41
ユニティルーム　コレクション　アストロノミー

天気とアストロノミー
現在地の現在の気象および天文状況です。

9:41　9:41　9:41

タップする

4 選択した壁紙のプレビューが表示されます。［ウィジェットを追加］をタップします（P.237MEMO参照）。

キャンセル　　　　追加

9月24日 火曜日
14:48

ウィジェットを追加

タップする

⑤ 追加したいウィジェットをタップして、
× をタップします。

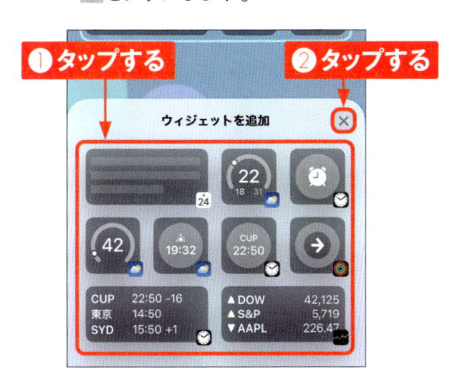

⑥ 時刻の下にウィジェットが追加されます。時計の時刻をタップします。

⑦ 時刻に表示したいフォントとカラーをタップし、× をタップします。

⑧ 時刻の表示が変更されます。時刻の上のウィジェットを変更したい場合はタップします。

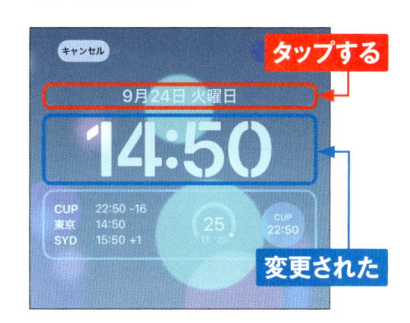

⑨ 変更したいウィジェットをタップし、×
をタップします。

 MEMO ウィジェットを変更する

P.236手順④の画面ですでにウィジェットが設定されている場合は、「ウィジェットを追加」が表示されません。その場合は、ウィジェット部分をタップし、削除するウィジェットの●をタップして削除して、追加したいウィジェットをタップすることで、ウィジェットを変更することができます。

9

⑩ 時計の上のウィジェットが変更されます。カスタマイズが終わったら、[追加] をタップします。

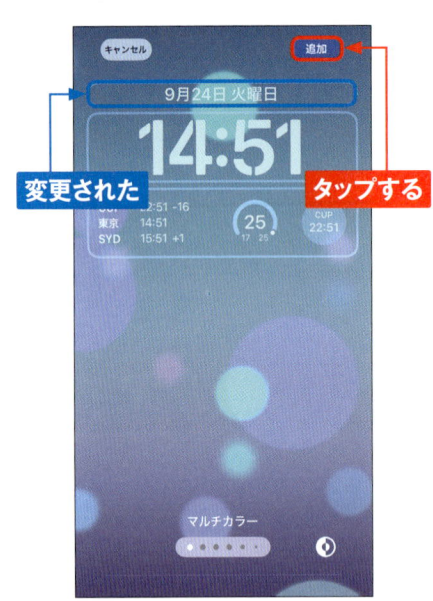

⑪ [壁紙を両方に設定] をタップします。

⑫ カスタマイズしたロック画面をタップします。

⑬ ロック画面が追加されます。

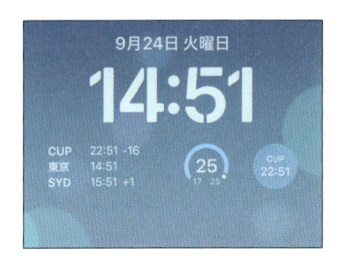

MEMO ロック画面を削除する

追加したロック画面を削除したい場合は、P.239手順②の画面で、削除したいロック画面を表示し、上方向にスワイプして、■→[この壁紙を削除]の順にタップします。

⏻ ロック画面を切り替える

1 ロック画面をタッチします。Face ID などを設定している場合はロックを解除します（P.259参照）。

タッチする

2 左右にスワイプし、設定したいロック画面のサムネイルをタップします。

① スワイプする

② タップする

3 ロック画面が切り替わります。

MEMO 追加したロック画面を編集する

手順②の画面で［カスタマイズ］をタップすると、ロック画面とホーム画面のカスタマイズ画面が表示され、ウィジェットや時計の表示などを編集できます。

9

🔓 ロック画面に情報をリアルタイムで表示する

1 「時計」アプリなどライブアクティビティ対応アプリでは、進行中の情報をリアルタイムにロック画面に表示できます。設定方法はアプリごとに異なりますが、ここでは「アメミル」アプリを例に紹介するので、Sec.39を参考にあらかじめインストールしておきます。

2 ホーム画面で［アメミル］をタップします。

3 初回は［次へ］などをタップして初期設定を進め、［アメミルをはじめる］をタップします。

4 ［雨マップ］をタップし、⊕をタップします。

⑤ [閉じる] をタップします。

タップする

⑥ ロック画面を表示し、[許可] をタップします。

タップする

⑦ ライブアクティビティが有効になり、10分後、20分後、30分後の現在地の降水確率がリアルタイムで更新されます。

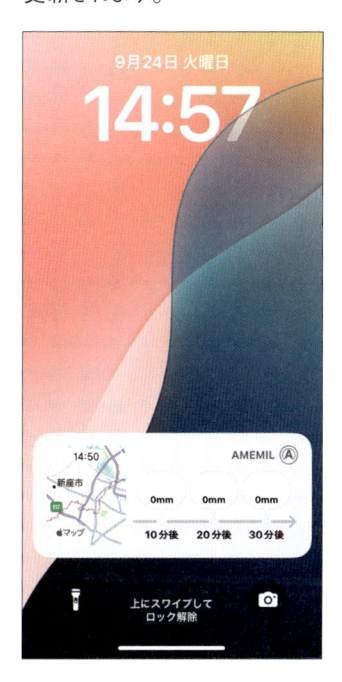

MEMO ライブアクティビティを消去する

ロック画面に表示させたライブアクティビティを消去したい場合は、左方向にスワイプし、[消去] をタップします。

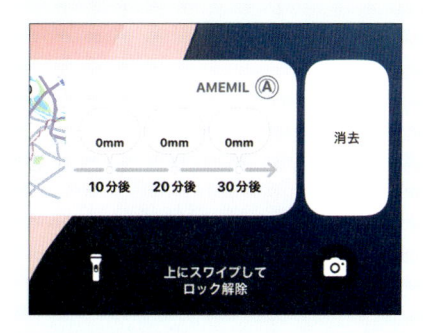

16 | Plus | Pro | Pro Max

写真を壁紙に設定する

Application

ロック画面やホーム画面の壁紙には、iPhoneにあらかじめ入っている画像以外にも、「写真」アプリに入っている自分で撮影した写真などを設定できます。写真のトリミングやトーンの変更も可能です。

撮影した写真を壁紙に設定する

① ホーム画面で［設定］→［壁紙］の順にタップします。

② ［新しい壁紙を追加］をタップします。

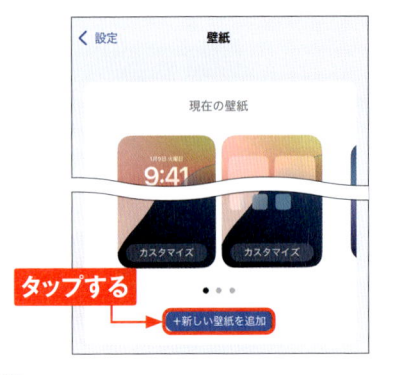

③ ［写真］をタップします。［写真シャッフル］をタップすると、複数の写真を順に表示することができます。

④ 「写真」アプリに入っている自分で撮影した写真などが表示されます。壁紙に設定したい写真をタップします。

9

⑤ 画像を左右にスワイプします。写真にフィルターがかかり、トーンが変更されます。「自然光」「白黒」「デュオトーン」「カラーウォッシュ」から好みのトーンを選びます。

⑥ 画面をピンチすると、表示範囲を変更することができます。［追加］をタップします。

⑦ ［壁紙を両方に設定］をタップします。

⑧ ロック画面とホーム画面の壁紙が変更されます。

9

 MEMO
ホーム画面の壁紙に写真を設定する

手順⑦で［現在の壁紙に設定］をタップすると、ホーム画面にはぼかされた写真が設定されます。ホーム画面に鮮明な写真を設定したい場合は、手順⑦で［ホーム画面をカスタマイズ］→［写真］の順にタップし、写真を設定したら、［完了］→［完了］の順にタップします。

スタンバイを利用する

Application

iPhoneを充電器に接続し、横向きに置いて固定すると、ロック画面の代わりにスタンバイが表示されます。充電中にいつでも時計やウィジェットを確認できます。

スタンバイの表示を切り替える

1. iPhoneを充電器に接続し、横向きに置いて固定します。初回に「ようこそスタンバイへ」画面が表示されたら、[続ける]をタップします。

2. ウィジェットのスタンバイが表示されます。画面を左右にスワイプすると、スタンバイを「ウィジェット」「写真」「時計」に切り替えることができます。

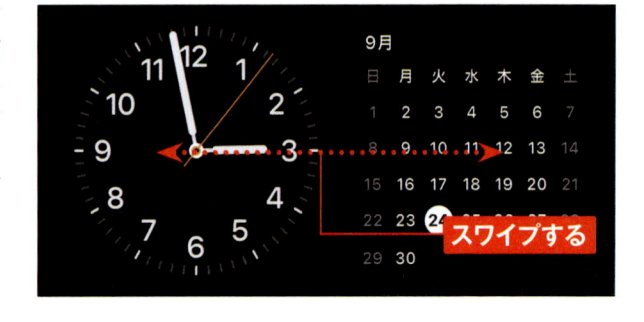

3. 画面を上下にスワイプすると、ウィジェットの切り替えや時計のデザインを切り替えることができます。

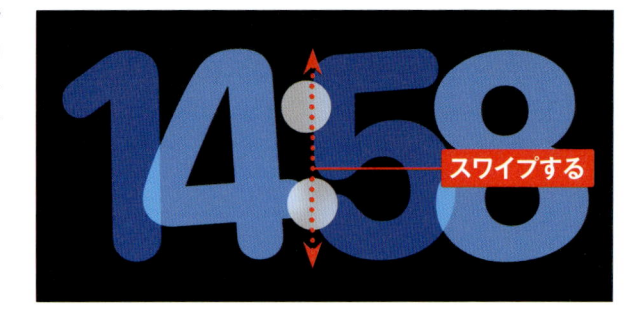

⏻ ウィジェットを追加する

① ウィジェットのスタンバイ
を表示した状態で左右
どちらかのウィジェットを
タッチします。

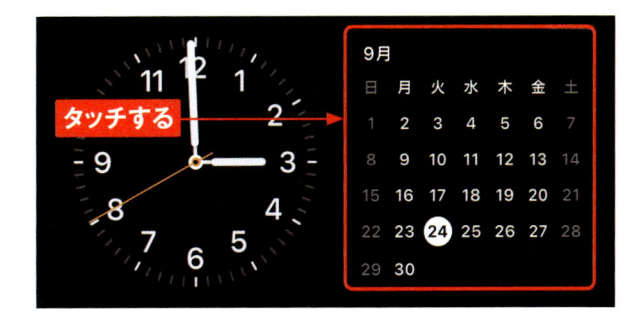

② 画面左上の 　＋ 　をタッ
プします。

③ 追加したいウィジェット
（ここでは［株価］）をタッ
プし、［ウィジェットを追
加］をタップします。

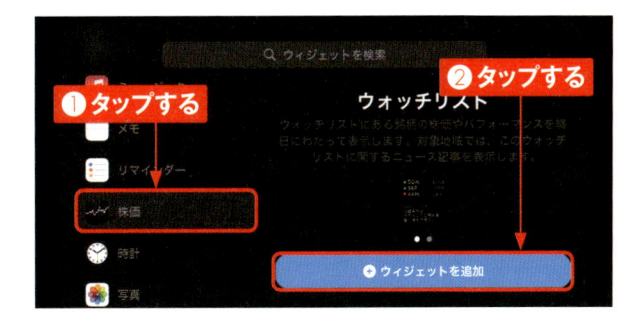

④ 画面右上の［完了］を
タップすると、追加した
ウィジェットが表示されま
す。

コントロールセンターを
カスタマイズする

Application

コントロールセンターでは、機能の追加や削除、移動など、自由にカスタマイズすることができます。また、触覚タッチを利用できる機能もあります。

コントロールセンターにアイコンを追加する

① P.22を参考にコントロールセンターを起動し、画面をタッチします。

タッチする

② ［コントロールを追加］をタップします。

タップする

③ コントロールに追加したい機能をタップして追加します。

MEMO　アイコンを削除する

手順②の画面で、－をタップすると、アイコンを削除できます。

コントロールセンターのアイコンをカスタマイズする

● アイコンの大きさを変更する

① P.246手順②の画面でアイコンの右下にある▢をドラッグします。

② アイコンの大きさを変更することができます。

● アイコンの位置を変更する

① P.246手順②の画面でアイコンをドラッグします。

② アイコンの位置を変更できます。アイコンは左や上に詰まらず、自由に配置できます。

9

⏻ コントロールセンターのグループを追加する

1 P.246手順②の画面を表示し、上方向に何度か（標準では3回）スワイプします。

スワイプする

2 空のグループが表示されたら、[コントロールを追加]をタップします。

タップする
● コントロールを追加

3 新しいグループに追加したいコントロール（ここでは[ボイスメモ]）をタップします。

タップする

4 コントロールが追加され、新しいグループが作成されます。コントロールの ー をタップすると、コントロールを削除できます。グループ内のすべてのコントロールを削除すると、グループが削除されます。

⏻ ロック画面のコントロールを変更する

① P.236手順②の画面で［カスタイマイズ］をタップして、［ロック画面］をタップします。

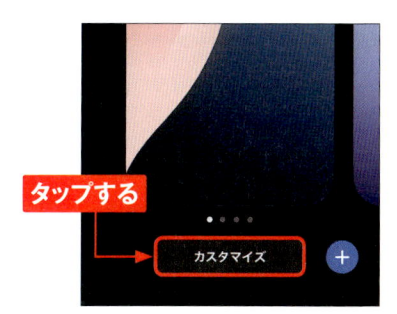

② 変更したいコントロールの⊖をタップします。

③ ⊕をタップします。

④ 変更したいコントロール（ここでは［アラーム］）をタップします。

⑤ ［完了］をタップすると、手順①の画面に戻ります。

9

16 ｜ Plus ｜ Pro ｜ Pro Max

OS・Hardware

プライバシーを守る設定をする

iPhoneでは、プライバシーに関する機能が強化されています。写真に付与された位置情報を削除できるほか、アプリがカメラやマイクにアクセスしていることが一目でわかります。

プライバシーを守る機能を設定する

● 共有時に写真の位置情報を削除する

① Sec.35を参考に写真を表示し、□をタップします。

タップする

② ［オプション］をタップします。

タップする

③ 「位置情報」の⬤をタップして◯にし、［完了］をタップすると、写真を共有する際に位置情報を削除することができます。

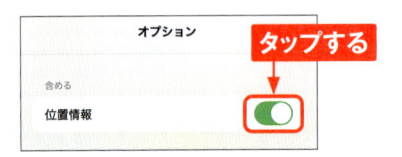

タップする

● アプリのカメラやマイクの使用を確認する

① カメラやマイクを使用するアプリを起動すると、画面上部にカメラやマイクの使用を示すインジケーターが表示されます。

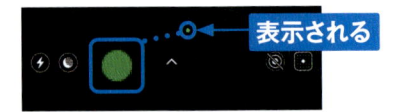

表示される

MEMO コントロールセンターから確認する

アプリがカメラやマイク、位置情報を使用中の場合、コントロールセンターを表示すると、そのアプリが上部に表示され、タップすると使用中の権限を確認することができます。

タップする

9

● アプリのトラッキングを完全に拒否する

1 ホーム画面で［設定］→［プライバシーとセキュリティ］の順にタップします。

2 ［トラッキング］をタップします。

3 「アプリからのトラッキング要求を許可」の ● をタップして、 にすると、アプリのトラッキング（広告表示などに利用される利用者情報の収集）の許可画面を表示せずに、オフにすることができます。

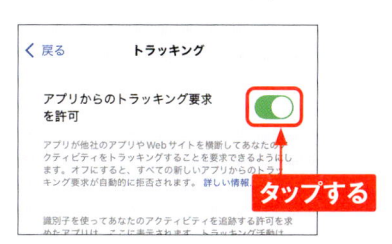

MEMO アプリのトラッキングとは

ゲームなどの広告が表示されるアプリを起動した際、アプリのトラッキングを許可するかどうか確認する画面が表示されることがあります。これは、アプリやWebの利用履歴をもとに広告を表示してよいかどうかの確認のことで、その場で許可するかどうか決めることができます。利用履歴をもとにした広告を一切表示したくない場合は、上記の方法でアプリのトラッキングを完全に拒否することが可能です。

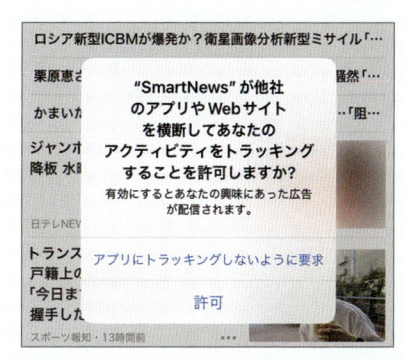

写真などのアクセス許可設定を確認する

① ホーム画面で［設定］→［プライバシーとセキュリティ］の順にタップします。

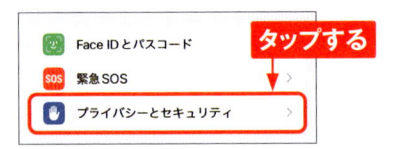

② ここでは、「写真」アプリを利用したアプリを確認します。［写真］をタップします。

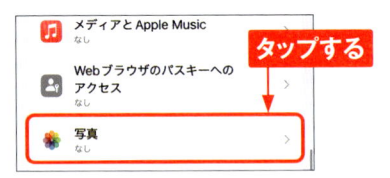

③ 事前に「X」アプリに「写真」アプリへのアクセスを許可していたので、「X」アプリが表示されました。［X］をタップします。

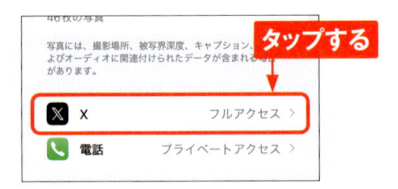

 連絡先のアクセス許可設定を確認する

写真のほかにも連絡先のアクセス許可設定を確認することもできます。手順②の画面で［連絡先］をタップし、設定をしたいアプリをタップして、連絡先のアクセス許可設定を確認しましょう。

④ 許可範囲をタップして、変更することができます。なお、この画面は、［設定］→［X］→［写真］の順にタップすることでも表示できます。

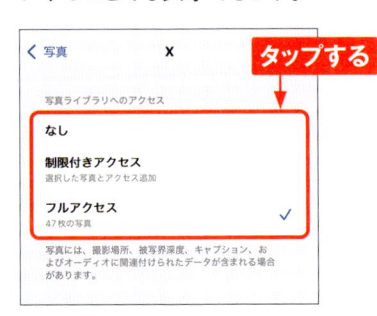

 アプリのアクセス許可とは

写真を利用するアプリを起動した際、「写真」アプリのアクセス許可を求められることがあります。［フルアクセスを許可］以外を選択すると、そのアプリの写真に関する機能が一部使えなくなるので、動作がおかしい場合は上記の方法でアクセス許可を確認しましょう。同様に、カメラやマイク、連絡先などのアクセス許可も確認・変更することができます。

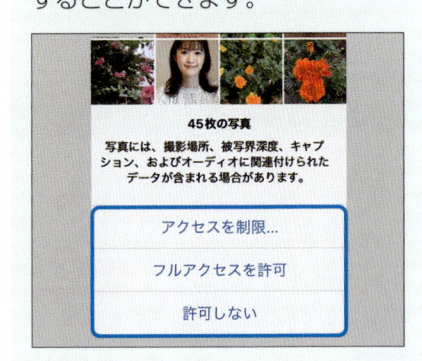

不適切な写真に警告やぼかしを表示する

1 ホーム画面で［設定］→［プライバシーとセキュリティ］の順にタップします。

2 ［センシティブな内容の警告］をタップします。

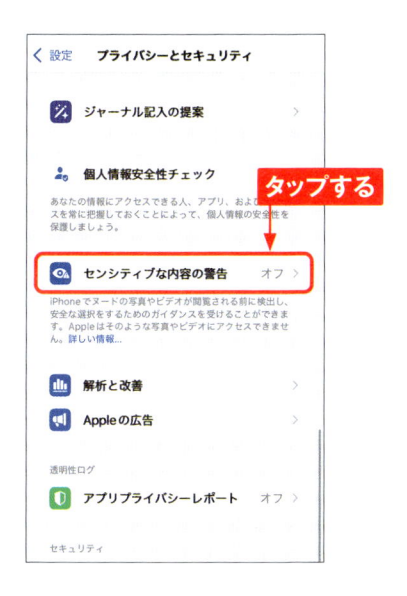

3 オフになっている場合は をタップして、 にします。

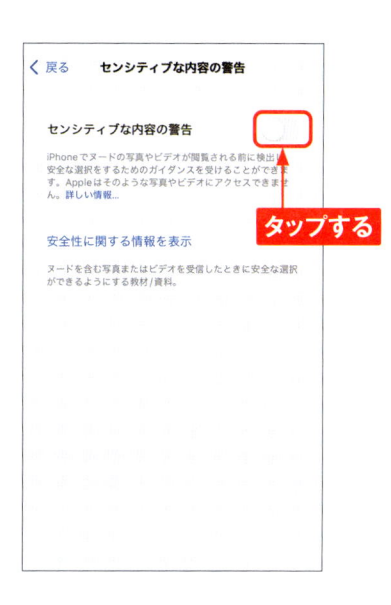

MEMO 不適切な写真が送られてきた場合

AirDrop（P.208参照）やメッセージ（P.76参照）の送受信時に性的に不適切な写真が検出されると、画像にぼかしが入り、警告文が表示されます。

| 16 | Plus | Pro | Pro Max |

画面ロックに パスコードを設定する

Application

iPhoneが勝手に使われてしまうのを防ぐために、iPhoneにパスコードを設定しましょう。初期状態では数字6桁のパスコードを設定することができます。

⏻ パスコードを設定する

① ホーム画面で[設定]をタップします。

タップする

② [Face IDとパスコード] をタップします。

タップする

③ [パスコードをオンにする] をタップします。

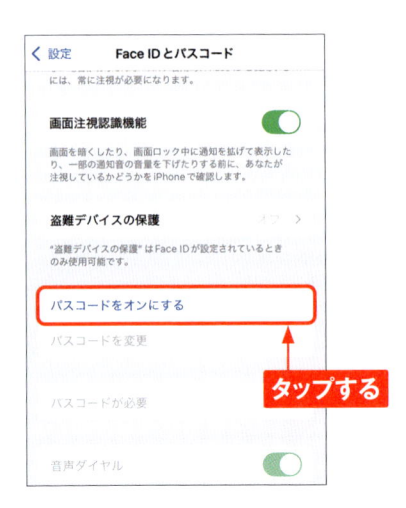

タップする

MEMO パスコードの種類

P.255手順④の画面で［パスコードオプション］をタップすると、「4桁の数字コード」「6桁の数字コード」「カスタムの数字コード」「カスタムの英数字コード」から選んで設定できます。

④ 6桁の数字を2回入力すると、パスコードが設定されます。「Apple Account」画面が表示されたら、Apple Accountのパスワードを入力して［サインイン］をタップします。

2回入力する

⑤ パスコードを設定すると、iPhoneの電源を入れたときや、スリープから復帰したときなどにパスコードの入力を求められます。

9

 MEMO **パスコードを変更・解除する**

パスコードを変更するには、P.254手順③で［パスコードを変更］をタップします。はじめに現在のパスコードを入力し、次に新しく設定するパスコードを2回入力します。また、パスコードの設定を解除するには、P.254手順③で［パスコードをオフにする］をタップし、パスコードを入力します。

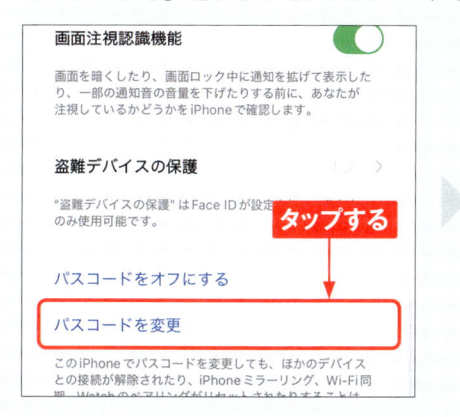

タップする

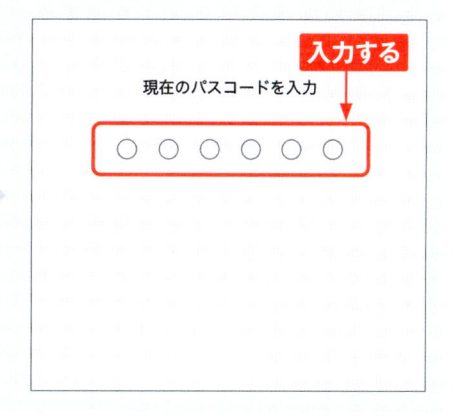

入力する

| 16 | Plus | Pro | Pro Max |

顔認証機能を利用する

Application

iPhoneには、顔認証（Face ID）機能が搭載されています。自分の顔を認証登録すると、ロックの解除やiTunes Store、App Storeなどでパスコードの入力を省略することができます。

iPhoneにFace IDを設定する

① ホーム画面で[設定]をタップします。

タップする

② [Face IDとパスコード] をタップします。パスコードが設定されている場合はパスコードを入力します。

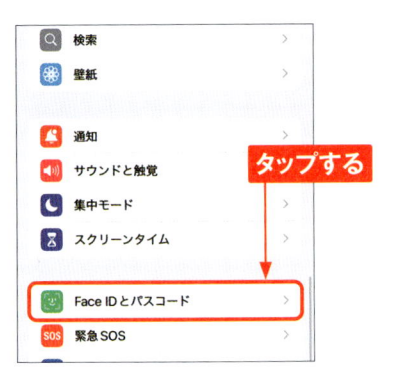

タップする

③ ［Face IDをセットアップ］をタップします。

タップする

④ ［開始］をタップします。

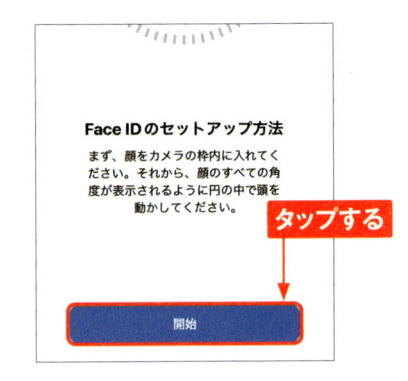

Face IDのセットアップ方法
まず、顔をカメラの枠内に入れてください。それから、顔のすべての角度が表示されるように円の中で顔を動かしてください。

タップする

開始

⑤ 枠内に自分の顔を写します。

⑥ ゆっくりと頭を動かして円を描きます。

⑦ スキャンが完了します。［あとでセットアップ］をタップします。

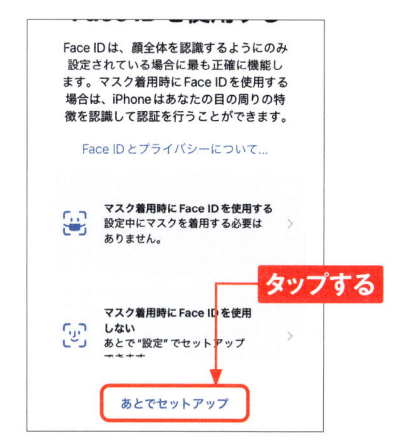

⑧ Face IDが設定されるので、［完了］をタップします。

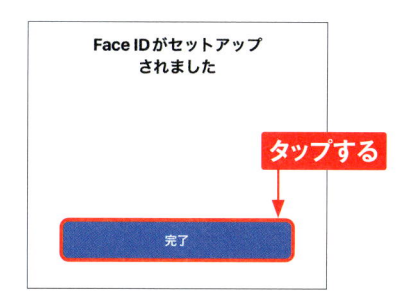

⑨ Sec.64でパスコードを設定していない場合、使用するパスコードを2回入力します。Apple Accountのパスワードを求められたら、入力します。なお、Face IDは2つまで登録できます。

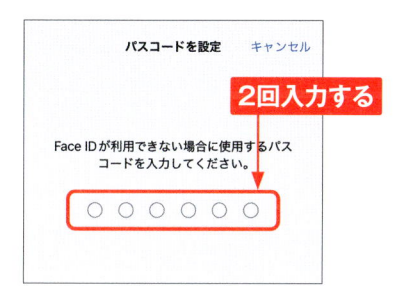

9

 MEMO ## マスクを着用したまま ロックを解除する

Face IDを設定したあとに、P.256手順③の画面で、「マスク着用時Face ID」の をタップすると、手順⑦の画面が表示されるので、［マスク着用時にFace IDを使用する］をタップすると、再度顔のスキャンが行われます。2回目のスキャンでは、目の周りの特徴が読み取られ、マスクを着用したままロックの解除が可能になります。

顔認証でアプリをインストールする

① Sec.39を参考に「App Store」アプリでインストールしたいアプリを表示し、［入手］をタップします。

③ インストールが自動で始まり、インストールが終わると、ホーム画面にアプリが追加されます。

② この画面が表示されたら、iPhoneに視線を向けて、サイドボタンを素早く2回押します。

MEMO 登録したFace IDを削除する

登録したFace IDを削除するには、P.256手順③の画面で、［Face IDをリセット］をタップします。

9

⏻ 顔認証でロック画面を解除する

1 スリープ状態のiPhoneを手前に傾けると、ロック画面が表示されます。iPhoneに視線を向けます。

2 鍵のアイコンが施錠から開錠の状態になります。画面下部から上方向にスワイプします。

3 ホーム画面が表示されます。

 MEMO **パスコード入力が必要になるとき**

顔認証を設定していても、パスコード（Sec.64参照）の入力が必要になる場合があります。1つは、ロック画面の解除で顔認証がうまくいかないときです。顔認証がうまくできないと、パスコード入力画面が表示されます。iPhoneを再起動した場合も、最初のロック画面の解除には顔認証が使えず、パスコードの入力が必要になります。また、顔認証やパスコードの設定を変更するには、［設定］の［Face IDとパスコード］から行いますが（P.256手順②参照）、このときもパスコードの入力が必要になります。

| 16 | Plus | Pro | Pro Max |

通知を活用する

Application

通知やコントロールセンターから、さまざまな機能が利用できます。通知からメッセージに返信したり、「カレンダー」アプリの出席依頼に返答したりなど、アプリを立ち上げずにいろいろな操作が可能です。

バナーを活用する

● メッセージに返信する

① 画面にメッセージのバナーが表示されたら、バナーを下方向にスワイプします。

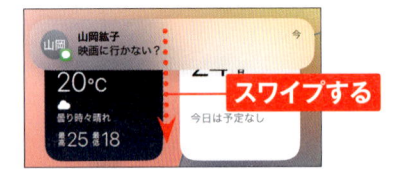

② 入力欄に返信メッセージを入力し、⬆をタップすると、メッセージが送信されます。

● メールを開封済みにする

① 画面にメールのバナーが表示されたら、バナーを下方向にスワイプします。

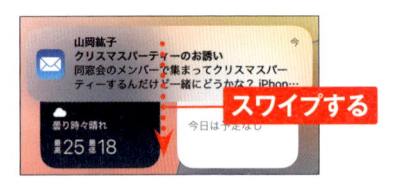

② ［開封済みにする］をタップするとメールを開封済みにできます。

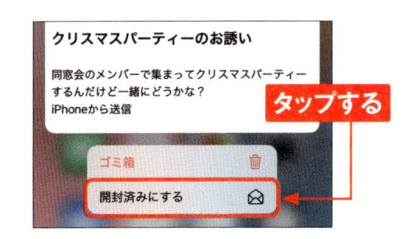

MEMO　バナーが消えたときは

バナーが消えてしまった場合は、画面左上を下方向にスワイプして通知センターを表示すると、バナーに表示された通知が表示されます。その通知をタップすると、メッセージの返信やメールの開封操作が行えます。

📳 通知をアプリごとにまとめる

1 ホーム画面で［設定］をタップし、［通知］をタップします。

2 通知をまとめたいアプリ（ここでは［メッセージ］）をタップします。

3 ［通知のグループ化］をタップします。なお、グループ化できないアプリもあります。

4 ［アプリ別］をタップします。同様の手順で通知をまとめたいアプリを設定します。

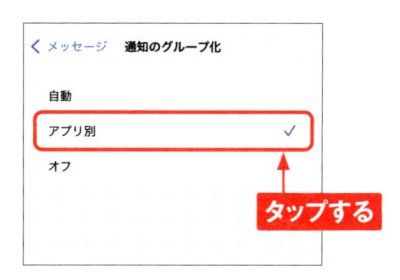

5 設定したアプリの通知がまとまって表示されます。

MEMO　通知の要約

通知を指定した時間にまとめて受け取る「通知の要約」という機能があります。これを利用すると、忙しい昼間などは通知を受け取らず、夕方から夜に通知をまとめて受け取るなどの設定が可能です。ホーム画面で［設定］→［通知］→［時刻指定要約］→「時刻指定要約」の ○ →［続ける］の順にタップして、画面の指示に従って操作してオンにします。

9

📱 通知センターから通知を管理する

● 通知をオフにする

① Sec.04を参考に、通知センターを表示します。通知を左方向にスワイプします。

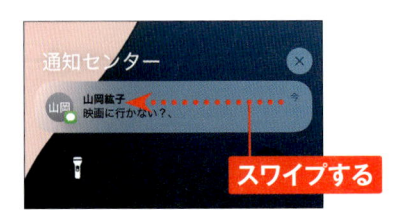

② [オプション] をタップします。

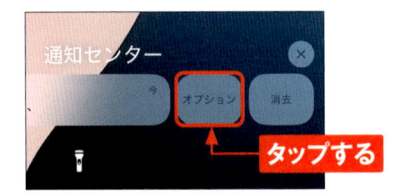

③ [1時間通知を停止] または [今日は通知を停止] をタップすると、そのアプリの通知指定期間内は通知されなくなり、["○○" の通知をすべてオフにする] をタップすると、今後は通知がされなくなります。[設定を表示] をタップすると、P.263のような通知設定画面が表示されます。

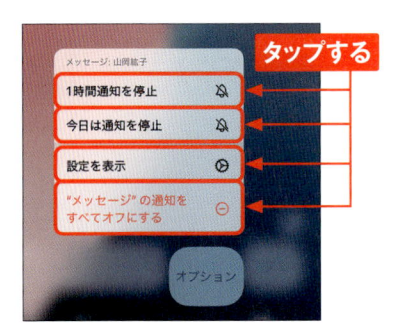

● グループ化した通知を消去する

① グループ化した通知をタップします。なお、左方向にスワイプすると、左の手順②で [消去] の代わりに [すべて消去] が表示されます。

② グループ化された通知が展開されます。各通知を左方向にスワイプすると、左の手順②の画面が表示されます。アプリ名の右の⊗→ [消去]の順にタップすると、そのアプリの通知をすべて消去できます。

通知設定の詳細を知る（メッセージの場合）

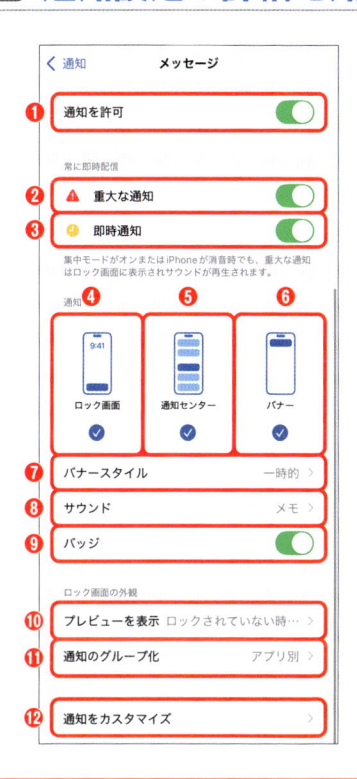

❶「通知を許可」を ○ にすると、すべての通知が表示されなくなります。

❷「重大な通知」を ● にしていると、集中モードや消音モード（P.54参照）でも通知が表示され、通知音も鳴ります。

❸「即時通知」を ● にしていると通知をすぐに配信し、1時間ロック画面に残ります。

❹［ロック画面］をタップしてチェックを付けると、ロック画面に通知が表示されます。

❺［通知センター］をタップしてチェックを付けると、画面左上部を下方向にスライドすると表示される通知センターに通知が表示されます。

❻［バナー］をタップしてチェックを付けると、通知が画面上部に表示されます。

❼バナーの通知方法を変更できます。［一時的］を選ぶと、通知が画面上部に表示され、一定時間が経過すると消えます。［持続的］を選ぶと、通知をタップするまで表示され続けます。

❽「サウンド」では、通知の際の通知音やバイブレーションが設定できます。

❾「バッジ」を ● にすると、ホーム画面に配置されている該当するアプリのアイコンの右上に、新着通知の件数が表示されます。

❿「プレビューを表示」を［しない］にすると、通知にメッセージなどの内容が表示されず、何に関する通知かだけが表示されます。

⓫「通知のグループ化」では、いくつかの異なるスレッドをまとめて通知されるように設定できます（P.261参照）。

⓬「通知をカスタマイズ」では、「通知を繰り返す」が設定でき、2分ごとに通知音を何回くり返すかを設定できます。くり返しはロック画面などでオンになり、［なし］［1回］［2回］［3回］［5回］［10回］から選択できます。

9

アラームを利用する

Application

iPhoneの「時計」アプリには、アラーム機能が搭載されています。この機能を使えば設定した時間に音で通知するほか、くり返し鳴らす、いろいろなサウンドを鳴らすといったことができます。

アラームを設定する

① ホーム画面で[時計]をタップし、[アラーム]→▦の順にタップします。

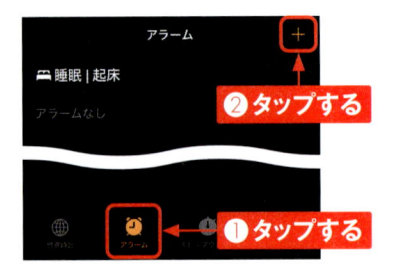

② 画面上部の時間を上下にスワイプして、アラームを鳴らす時間を設定します。

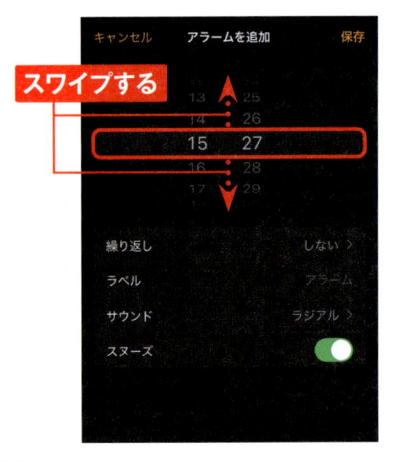

③ アラームのくり返しやサウンドについて、それぞれタップして設定します。設定が完了したら、[保存]をタップします。

④ 設定した時間になると音が鳴り、ダイアログが表示されます。スリープ状態では[停止]をタップすると、アラームが停止します。操作中の場合は、✕をタップして停止します。

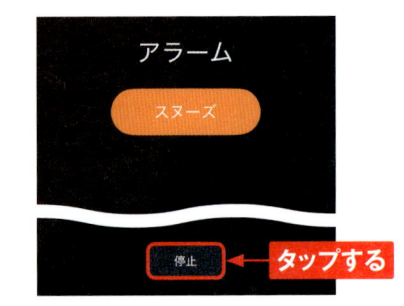

| 16 | Plus | Pro | Pro Max |

Application

自動的にロックの かかる時間を変更する

iPhoneをしばらく放置すると自動的にロックがかかりますが、ロックがかかるまでの時間を変更することができます。使用状況に応じて変更しましょう。

自動的にロックのかかる時間を変更する

① ホーム画面で[設定]をタップします。

タップする

② [画面表示と明るさ]をタップします。

タップする

③ [自動ロック]をタップします。

タップする

④ ロックがかかるまでの時間をタップします。[なし]をタップすると自動ロックがかからなくなります。

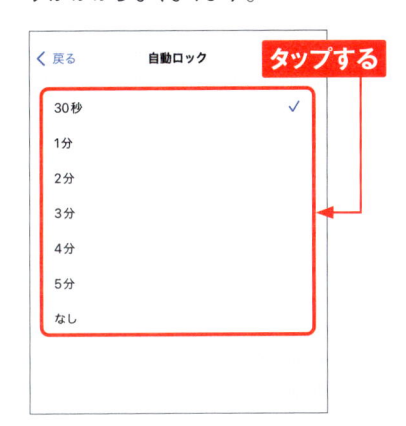

タップする

9

Application

背面タップでアプリを起動する

iPhoneの背面を2回または3回タップすると、アプリを起動したりiPhoneをロックしたりできる「背面タップ」という機能があります。初期設定ではオフとなっています。

背面タップを設定する

① ホーム画面で［設定］をタップして、［アクセシビリティ］をタップします。

② ［タッチ］をタップします。

③ ［背面タップ］をタップします。

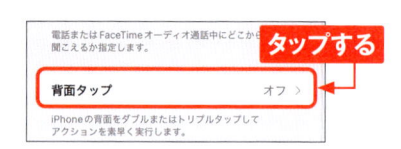

④ ［ダブルタップ］をタップします。

⑤ 背面をダブルタップしたときに行う動作をタップして割り当てます。トリプルタップの動作を割り当てるには、手順④で［トリプルタップ］をタップして同様に操作します。

16	Plus	Pro	Pro Max

Application

デフォルトのアプリを変更する

デフォルトで立ち上がるWebブラウザとメール（2024年9月現在）のアプリを変更することができます。ここでは、ブラウザアプリを変更します。

⚙ 標準のWebブラウザをChromeにする

① Sec.39を参考に、あらかじめ「Chrome」アプリをインストールしておきます。

② ホーム画面で［設定］→［アプリ］→［Chrome］の順にタップします。

③ ［デフォルトのブラウザアプリ］をタップします。

タップする

④ ［Chrome］をタップしてチェックを付けます。

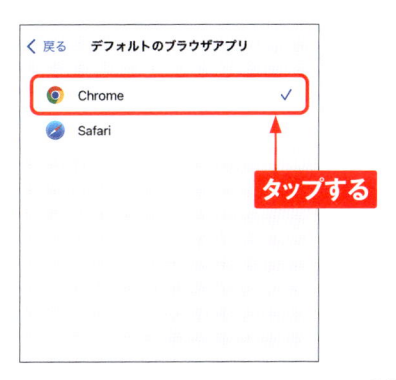

タップする

9

16　Plus　Pro　Pro Max

バッテリー残量を数値で表示する

Application

画面右上に表示されているバッテリー残量を示すアイコンに、残量の数値を表示させることができます。％を表示すると、バッテリー残量がひと目でどれくらいかが具体的にわかるようになります。

バッテリー残量の表示を変更する

① ホーム画面で［設定］をタップします。

② ［バッテリー］をタップします。

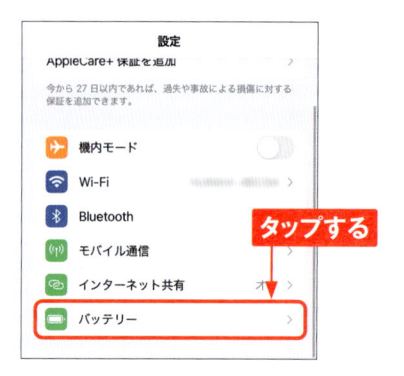

③ 「バッテリー残量（%）」の ◯ をタップします。

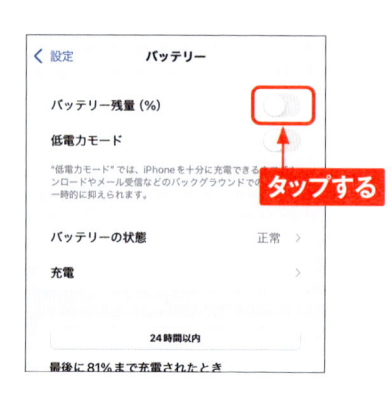

④ 画面右上のバッテリーのアイコンに残量の数値が表示されます。

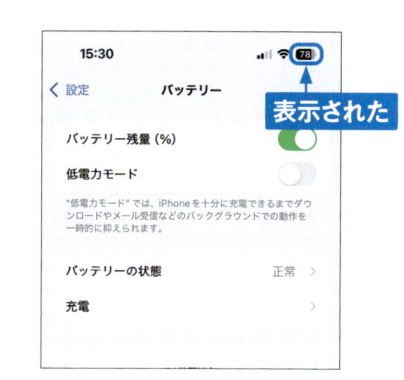

9

| 16 | Plus | Pro | Pro Max |

Application

緊急SOSの設定を確認する

「設定」アプリの「緊急SOS」の項目で、衝突事故検出機能や、緊急時のSOS通報の設定を確認することができます。各項目を、確認しておきましょう。

設定を確認する

① ホーム画面で[設定]をタップします。

タップする

② [緊急SOS]をタップします。

タップする

③ 「衝突事故検出」など、緊急SOSに関する現在の設定状況が確認できます。

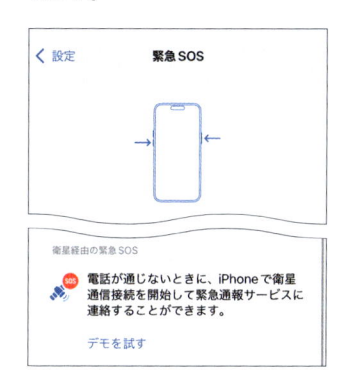

MEMO 衛星経由の緊急SOS

携帯電話やWi-Fiの電波が届かない場合に、衛星経由で緊急SOSを利用することもできます。利用時は、視界が開けた地平線が見通せる屋外にいる必要があります。手順③の画面の最下部の「衛星経由の緊急SOS」の[デモを試す]をタップすると、デモで体験することができます。

9

16　Plus　Pro　Pro Max

アプリの起動に
認証を必要にする

Application

アプリを起動する際にパスコード（Sec.64）、またはFace ID（Sec.65）の入力が必要になるよう設定することができます。ここでは、パスコードを利用する手順を紹介します。

アプリの起動に認証を必要にする

1 あらかじめパスコードを利用できるように設定し、パスコードを設定したいアプリをタッチして、［パスコードを必要にする］または［Face IDを必要とする］をタップします。

2 ［パスコードを必要にする］または［Face IDを必要とする］をタップします。

3 次の画面で認証を行うと、アプリの起動に認証が必要になります。

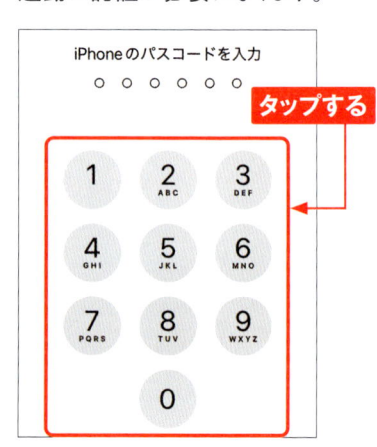

4 認証を解除するには、解除したいアプリをタッチし、［パスコードを必要にしない］または［Face IDを必要にしない］をタップして、次の画面で認証を行います。

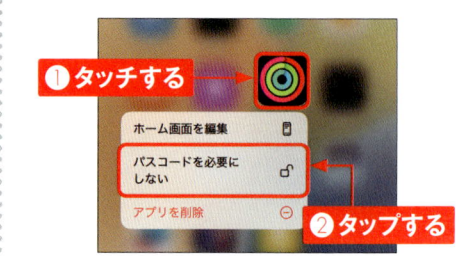

9

アプリを非表示にする

Application

インストールしたアプリを非表示にして、隠すことができます。なお、アプリの非表示を利用するには、あらかじめFace ID（Sec.65）を設定しておく必要があります。

⏻ インストールしたアプリを非表示にする

1 あらかじめFace IDを利用できるように設定し、非表示にしたいアプリをタッチして、［Face IDを必要にする］をタップします。

❶タッチする

ホーム画面を編集

アプリを共有

Face IDを必要にする

アプリを削除

❷タップする

2 ［非表示にしてFace IDを必要にする］をタップします。

"YouTube"でFace IDを必要にしますか？

このアプリを開いたり、ほかのアプリでコンテンツを表示したりするにはFace IDかパスコードが必要になります。アプリのコンテンツは通知のプレビューやSpotlightには表示されません。

Face IDを必要にする

非表示にしてFace IDを必要にする

キャンセル

タップする

3 ［アプリを非表示］をタップすると、アプリが非表示になります。

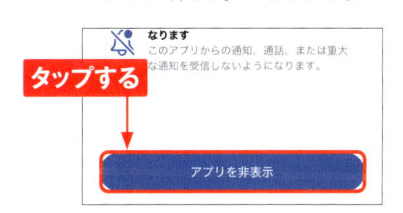

なります

このアプリからの通知、通話、または重大な通知を受信しないようになります。

タップする

アプリを非表示

4 非表示にしたアプリは、アプリライブラリの非表示フォルダに入ります。［非表示］フォルダをタップし、Face IDで解除すると、非表示にしたアプリが表示され、起動することができます。非表示を解除する場合は、アプリをタッチし、［ホーム画面に追加］をタップします。

❷タッチする　　　❸タップする

アプリを削除

Face IDを必要にしない

アプリを共有

ホーム画面に追加

❶タップする

9

検索機能を利用する

Application

iPhoneの検索機能を使ってキーワードの検索を行うと、iPhone内のアプリ、音楽、メール、Webサイトなどから該当する項目をリストアップしてくれます。さらに、検索結果のカテゴリを絞ることもできます。

検索機能を利用する

① ホーム画面で［検索］をタップするか、アプリ起動時以外に画面の中央から下方向にスワイプします。

スワイプする

② 検索フィールドにキーワードを入力すると、検索結果が表示されます。ここでは、アプリをタップします。

❶入力する ❷タップする

③ タップしたアプリが起動しました。

MEMO 検索機能の活用方法

検索機能では、メールの件名や連絡先、メモの写真の文字なども検索対象に含まれます。探したいメールや連絡先がすぐに見つからないときに検索機能を利用すると、かんたんに目的のメールや連絡先が探せます。さらに使い込むことでユーザーの行動を学習して、次に使用すると予想されるアプリをすすめてくれるようになります。

9

⏻ 検索対象を設定する

1 ホーム画面で［設定］→［検索］の順にタップします。

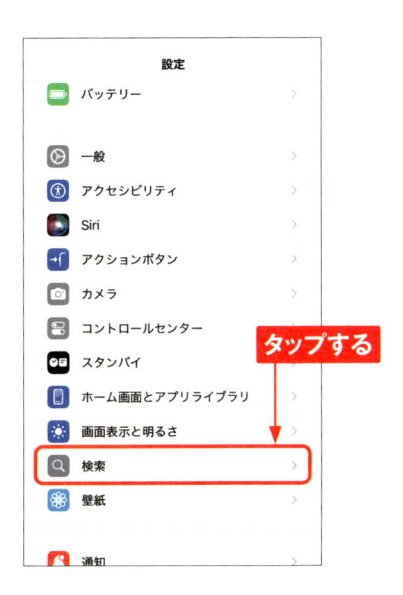

2 検索対象から外したいアプリをタップします。

3 「検索でアプリを表示」の 🟢 をタップします。

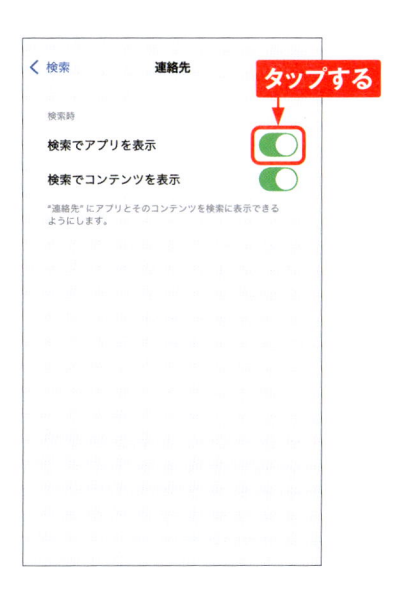

4 🟢 が になり、検索対象から外れます。

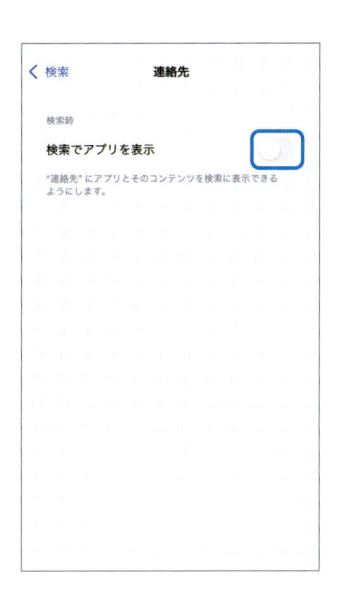

| 16 | Plus | Pro | Pro Max |

アクションボタンを設定する

Application

iPhone 16には、「アクションボタン」が搭載されています。アクションボタンを長押ししたときに実行する機能は、カスタマイズすることができます。

アクションボタンの設定を変更する

① ホーム画面で[設定]をタップします。

タップする

② [アクションボタン]をタップします。

設定

- バッテリー >
- 一般 >
- アクセシビリティ >
- Siri >
- アクションボタン >
- カメラ >
- コントロールセンター >
- スタンバイ >

タップする

③ 左右にスワイプすると、アクションボタンのモードを変更できます。ここでは、「拡大鏡」に設定します。

スワイプする

拡大鏡
iPhoneを拡大鏡にして近くにある物を拡大して検出できます。

④ アクションボタンを長押しすると、「拡大鏡」アプリが起動します。

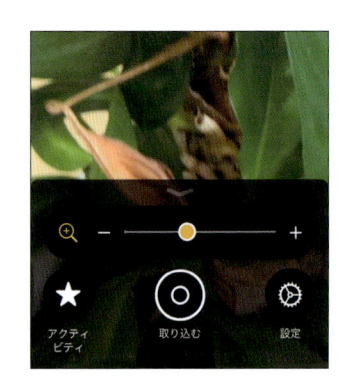

⏻ アクションボタンに設定できる機能

消音モード

消音モードのオン／オフを切り替えられます。

集中モード

集中モードのオン／オフを切り替えられます。集中モードの種類はP.274手順③の画面で選択できます。

カメラ

「カメラ」アプリを起動し、アクションボタンをシャッターボタンとして利用できます。P.274手順③の画面で起動する際のカメラモードを選択できます。

フラッシュライト

フラッシュライトのオン／オフを切り替えられます。

ボイスメモ

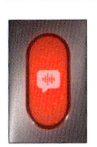
「ボイスメモ」アプリを起動して、録音を開始／停止できます。

ミュージックを認識

「Shazam」を使って近くでかかっている曲、またはiPhone内で流れている曲を検索します。

翻訳

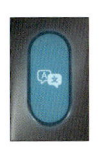
文章を翻訳したり、誰かが話している別の言語と会話したりできます。

拡大鏡

「拡大鏡」アプリを起動します。

コントロール

よく使うコントロールを設定できます。

ショートカット

アプリを開いたり、ショートカットを実行したりできます。事前に［ショートカットを選択］からアプリかショートカットを選択する必要があります。

アクセシビリティ

アクセシビリティの機能にすばやくアクセスできます。事前に［機能を選択］からアクセシビリティの機能を選択する必要があります。

アクションなし

アクションボタンを長押ししても何も実行しないようにできます。

| 16 | Plus | Pro | Pro Max |

Bluetooth機器を利用する

iPhoneは、Bluetooth対応機器と接続して、音楽を聴いたり、キーボードを利用したりすることができます。Bluetooth対応機器を使うには、ペアリング設定をする必要があります。

Bluetoothのペアリング設定を行う

1 ホーム画面で[設定]をタップします。

タップする

2 [Bluetooth] をタップします。

タップする

3 「Bluetooth」が ◯ であることを確認します。

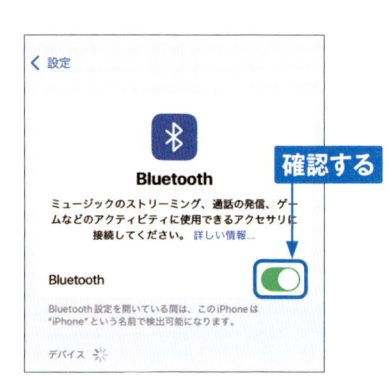

確認する

4 Bluetooth接続したい機器の電源を入れ、ペアリングモードにします。ここでは、AirPods Proを例に説明します。

9

5 ［接続］をタップし、AirPods Pro の充電ケースの背面のボタンを押したままにします。

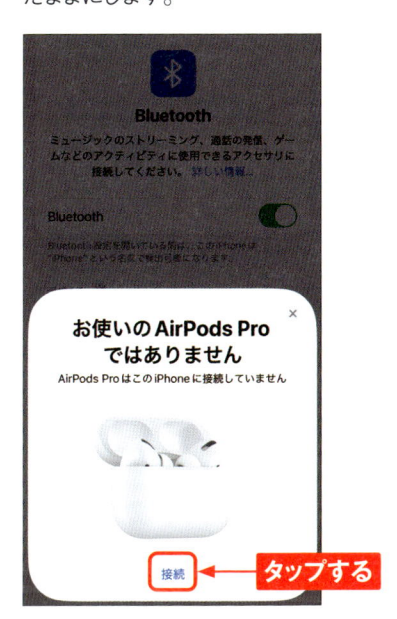

タップする

6 画面の指示に従って接続を進めます。

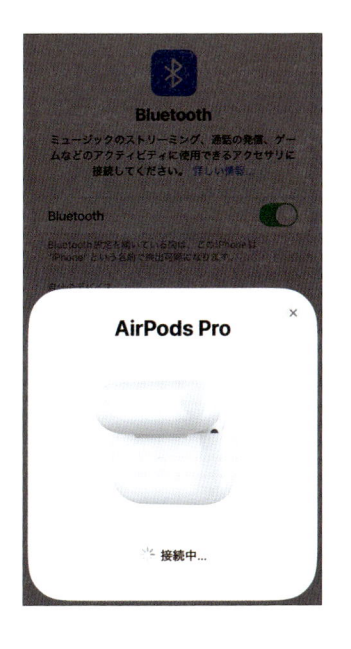

7 ペアリング設定が完了すると、「自分のデバイス」に表示されている接続したBluetooth機器名の右側に「接続済み」と表示されます。

8 画面右上から下方向にスワイプすると、コントロールセンターが表示され、機器によってはBluetooth接続されていることを確認できます。

接続中

9

| 16 | Plus | Pro | Pro Max |

インターネット共有を利用する

Application

「インターネット共有（Wi-Fiテザリング）」は、モバイルWi-Fiルーターとも呼ばれる機能です。iPhoneを経由して、無線LANに対応したパソコンやゲーム機などをインターネットにつなげることができます。

インターネット共有を設定する

① ホーム画面で[設定]をタップします。

タップする

② [インターネット共有]をタップします。「インターネット共有」が表示されていない場合は、利用できません。

タップする

③ 「ほかの人の接続を許可」の ◯ をタップします。

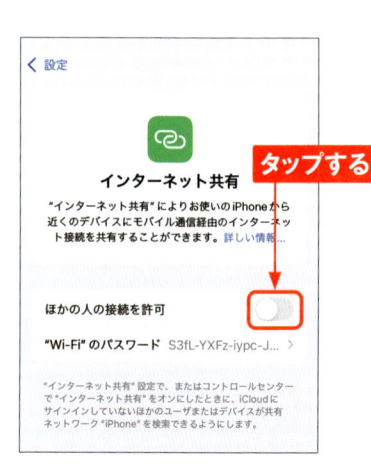

タップする

MEMO iPhoneの名前の変更

インターネット共有がオンになっているときは、周囲の端末に自分のiPhoneの名前が表示されます。表示される名前を変更したいときは、ホーム画面で［設定］→［一般］→［情報］→［名前］の順にタップし、任意の名前に変更します。

④ インターネット共有がオンになりました。

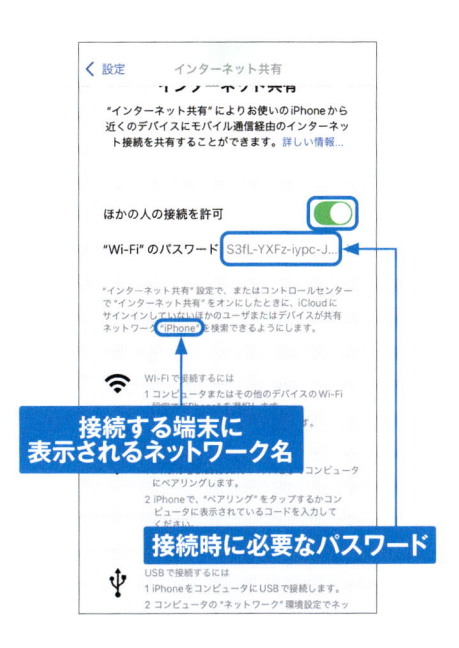

接続する端末に
表示されるネットワーク名

接続時に必要なパスワード

⑤ パスワードが最後まで表示されていない場合は、手順④で［"Wi-Fi"のパスワード］をタップすると、確認することができます。また、パスワードの変更も行えます。

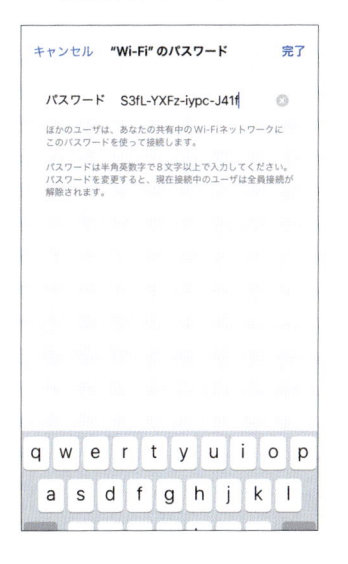

⑥ ほかの端末（ここでは、Windows 11）でiPhoneのネットワークに接続します。

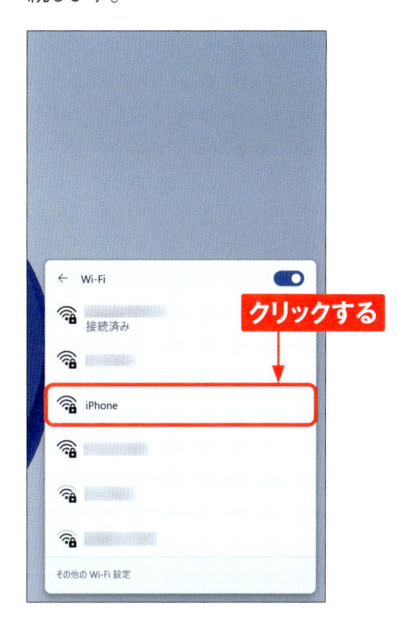

クリックする

⑦ ほかの端末から接続され、初回は共有を許可すると、Dynamic Islandに共有中を示すアイコンが表示されます。

表示される

9

スクリーンショットを撮る

OS・Hardware

iPhoneでは、画面のスクリーンショットを撮影し、その場で文字などを追加することができます。なお、一部の画面ではスクリーンショットが撮影できないことがあります。

⏻ スクリーンショットを撮影する

① スクリーンショットを撮影したい画面を表示し、サイドボタンと音量ボタンの上のボタンを同時に押して離します。

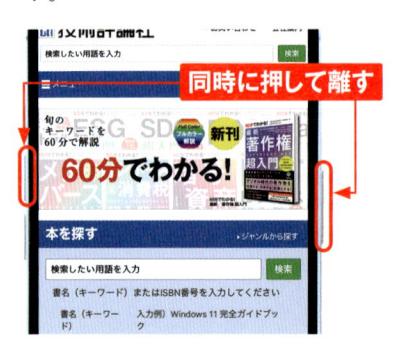

同時に押して離す

② スクリーンショットが撮影されます。画面左下に一時的に表示されるサムネイルをタップします。

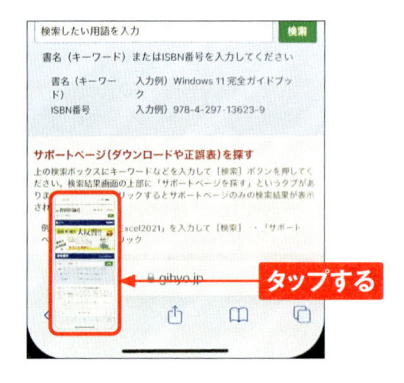

タップする

③ Safariなどでは、画面上部の［フルページ］をタップすることで、非表示部分も撮影できます。画面上部の🖊をタップして、文字などを追加できます。［完了］をタップします。

タップする

④ ［"写真"に保存］をタップすると、保存したスクリーンショットは、「写真」アプリで確認できます。

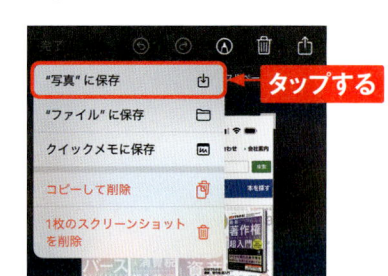

タップする

iPhoneを初期化・再設定する

| 16 | Plus | Pro | Pro Max |

OS•Hardware

iPhoneを
強制的に再起動する

iPhoneを使用していると、突然画面が反応しなくなってしまうことがあるかもしれません。いくら操作してもどうにもならない場合は、iPhoneを強制的に再起動してみましょう。

⏻ iPhoneを強制的に再起動する

① 音量ボタンの上を押してすぐ離したら、音量ボタンの下を押してすぐ離します。サイドボタンを手順②の画面が表示されるまで長押しします。

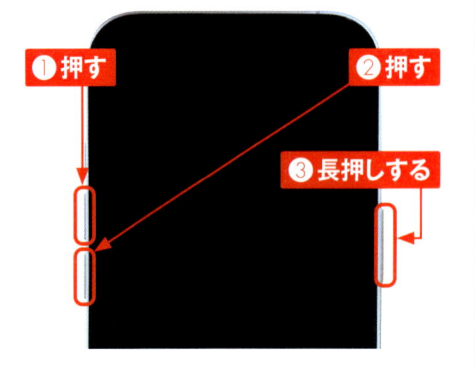

❶押す ❷押す
❸長押しする

② P.15手順②の画面が表示される場合は、そのままサイドボタンを長押しし続けます。iPhoneが強制的に再起動して、Appleのロゴが表示されます。

③ 再起動後はロック画面が表示されます。パスコード設定時はパスコード入力が必要です。このあと、Apple Accountのパスワードを求められる場合があります。

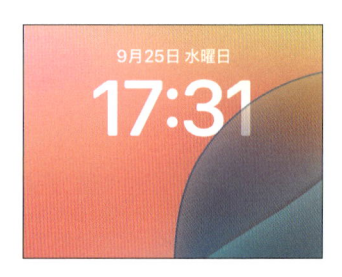

9月25日 水曜日
17:31

MEMO **緊急SOSについて**

サイドボタンとどちらかの音量ボタンを同時に押し続け、[SOS]を右方向にドラッグすると、110番や119番などの緊急サービスに連絡することができます。サイドボタンと音量ボタンをさらに押し続けると、カウントダウンが始まって警報が鳴ります。カウントダウンのあとでボタンを離すと緊急通報サービスに発信されます。

10

16　Plus　Pro　Pro Max

iPhoneを初期化する

Application

iPhone内の音楽や写真をすべて消去したい場合や、ネットワークの設定やキーボードの設定などを初期状態に戻したい場合は、「設定」アプリから初期化（リセット）が可能です。

iPhoneを初期化する

1 ホーム画面で［設定］ → ［一般］の順にタップします。

2 ［転送またはiPhoneをリセット］をタップします。

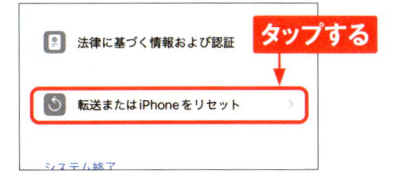

3 ［すべてのコンテンツと設定を消去］をタップします。

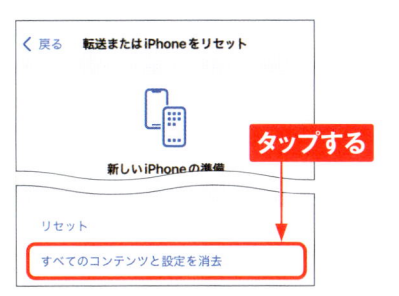

4 ［続ける］をタップします。

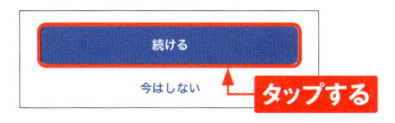

5 ［iPhoneを消去］をタップします。パスコードを設定している場合は、次の画面でパスコードを入力すると、自動でバックアップデータが作成されます。

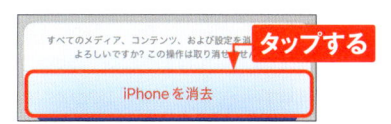

6 Apple AccountをiPhoneに設定している場合は、Apple Accountのパスワードを入力し、［オフにする］をタップします。

10

16 | Plus | Pro | Pro Max

Application

バックアップから復元する

iPhoneの初期設定のときに、iCloudへバックアップ（Sec.54参照）したデータから復元して、iPhoneを利用することができます。ほかのiPhoneからの機種変更のときや、初期化したときなどに便利です。

バックアップから復元されるデータ

古いiPhoneから機種変更をしたときや、初期化を行ったときには、iCloudへバックアップしたデータの復元が可能です。写真や動画、各種設定などが復元され、App Storeでインストールしたアプリは自動的にダウンロードとインストールが行われます。なお、アプリのデータは個別に移行や復元が必要となります。

●写真・動画

過去に撮影した写真や動画は、iCloudのバックアップから復元されます。

●アプリ

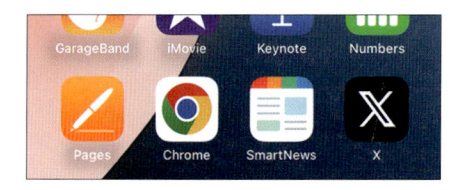

初期化する前にインストールしたアプリが再インストールされ、ホーム画面の配置が復元されます。

●設定

中村美咲
baseballflower02@icloud.com

各種設定やメッセージなども復元されます。

MEMO
機種変更時などの iCloudストレージ一時利用

機種変更や初期化の際に、利用できるiCloudの容量を超えて一時的にバックアップを作成することができます。このバックアップを利用するには、最新のiOSにアップデートして、P.283手順③の画面で、[開始]をタップし、画面の指示に従って操作します。バックアップの保存期間21日間です。

10

🔘 iCloudバックアップから復元する

① iPhoneの初期設定を進めると、「アプリとデータを転送」画面が表示されるので、[iCloudバックアップから]をタップします。

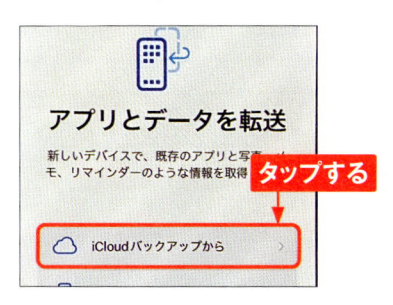

② iCloudにバックアップしているApple Accountへサインインします。Apple Accountを入力し、[continue]をタップします。

③ パスワードを入力し、[continue]をタップします。このあと、2ファクタ認証を求められます。

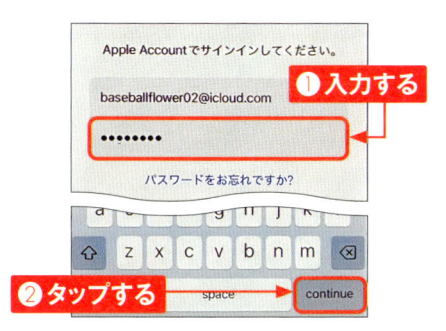

④ 「利用規約」画面が表示されます。よく読み、問題がなければ[同意する]をタップします。

⑤ 古いパスコードの入力を求められた場合は、バックアップを作成したときのiPhoneのパスコードを入力します。「iCloudバックアップを選択」画面が表示されます。復元したいバックアップをタップします。画面の指示に従って初期設定を進めると、復元が開始され、iPhoneが再起動します。

⑥ 再起動が終わるとロック画面が表示されます。上方向にスワイプしてパスコードを入力しロックを解除すると、ホーム画面が表示されます。

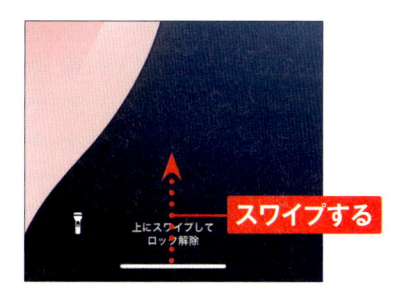

10

索引

お問い合わせについて

本書に関するご質問については、本書に記載されている内容に関するもののみとさせていただきます。本書の内容と関係のないご質問につきましては、一切お答えできませんので、あらかじめご了承ください。また、電話でのご質問は受け付けておりませんので、必ずFAXか書面にて下記までお送りください。
なお、ご質問の際には、必ず以下の項目を明記していただきますようお願いいたします。

1 お名前
2 返信先の住所または FAX 番号
3 書名
　（ゼロからはじめる iPhone 16/Plus/Pro/Pro Max スマートガイド ソフトバンク完全対応版）
4 本書の該当ページ
5 ご使用のソフトウェアのバージョン
6 ご質問内容

なお、お送りいただいたご質問には、できる限り迅速にお答えできるよう努力いたしておりますが、場合によってはお答えするまでに時間がかかることがあります。また、回答の期日をご指定なさっても、ご希望にお応えできるとは限りません。あらかじめご了承くださいますよう、お願いいたします。ご質問の際に記載いただきました個人情報は、回答後速やかに破棄させていただきます。

■ お問い合わせの例

FAX

1 お名前
　技術　太郎
2 返信先の住所または FAX 番号
　03-XXXX-XXXX
3 書名
　ゼロからはじめる iPhone 16/
　Plus/Pro/Pro Max スマート
　ガイド ソフトバンク完全対応版
4 本書の該当ページ
　39 ページ
5 ご使用のソフトウェアのバージョン
　iOS 18.0
6 ご質問内容
　手順3の画面が表示されない

お問い合わせ先

〒 162-0846
東京都新宿区市谷左内町 21-13
株式会社技術評論社　書籍編集部
「ゼロからはじめる iPhone 16/Plus/Pro/Pro Max スマートガイド ソフトバンク完全対応版」質問係
FAX 番号　03-3513-6167
URL：https://book.gihyo.jp/116

ゼロからはじめる iPhone 16/Plus/Pro/Pro Max スマートガイド ソフトバンク完全対応版

2024 年 11 月 14 日　初版　第 1 刷発行

著者	リンクアップ
発行者	片岡　巌
発行所	株式会社 技術評論社 東京都新宿区市谷左内町 21-13
電話	03-3513-6150　販売促進部 03-3513-6160　書籍編集部
編集	リンクアップ
装丁	菊池　祐（ライラック）
本文デザイン・DTP	リンクアップ
本文撮影	リンクアップ
担当	矢野　俊博
製本／印刷	日経印刷株式会社

定価はカバーに表示してあります。

ISBN978-4-297-14548-4 C3055

Printed in Japan